脱原発の経済学

熊本一規

緑風出版

目次

脱原発の経済学

はじめに

現代社会は、累積する成長のネックを、弱者にしわ寄せする二つの方法で打開してきた。一つは、山間地にダムを造って都市や工業の水源・電源とするような、遠隔地にしわ寄せをする空間的打開法、もう一つは、公債の大量発行に象徴されるような、子孫にしわ寄せをする時間的打開法である。

原発は二つの打開法のいずれにも該当する。それが空間的打開法にあたることは、東京電力の原発が東北地方の福島県に、関西電力の原発が北陸地方の福井県に押し付けられていることに象徴的に示されている。また、時間的打開法であることも、放射性廃棄物の管理を数万年にもわたって子孫に押し付けることに示されている。

ところが、弱者にしわ寄せをすることで「繁栄」をむさぼってきた現代社会を福島原発事故が襲い、その様相を一変させることとなった。原発被害は地球規模に及ぶものであり、とても一地域にしわ寄せできるようなものではなかったのである。

福島原発事故による被害は、放射能汚染のために長期にわたって土地も家も仕事も失い、将来故郷に戻れるかどうかさえわからない被災者において最も深刻であることはいうまでもないが、程度の差はあれ、すでに東日本の大半の住民が、そして今後おそらく日本全国の住民が被曝を免れ得なくなった。三月十一日震災から約半年を経た今も原発からの放射能漏れがおさまらず、かつ爆発の危機も去らないうえ、がれきや下水汚泥や焼却灰の処理をつうじて放射能汚染が全国にまきちらされようとしているからである。

これほど長期にわたって放射能が垂れ流され続ける事態は、人類史上初めてのことである。嘆かわしいことに、世界各国にとって、日本人は放射線被害のモルモットの役割を果たすことになってしまった。脱原発すべきか否か。脱原発を選ぶとしたら、それをいかに進めればよいか。この問いは、今やすべての日本人に差し迫った問題として問われている。

*

本書は、埋立・ダムと漁業権の問題やごみ・リサイクル問題を主たるテーマとしつつも、約四半世紀前から折に触れ原発問題にも関わってきた研究者として、右の問いに答えようとしたものである。

第1章では、電気事業に地域独占体制がとられてきた根拠や電気料金算定に総括原価方式が採用されてきた根拠をふまえたうえで、それらを変えるべきか否か、また、電力自由化の進展を阻んでいる要因は何か、それらの要因を解消するうえで発送電分離が不可欠か否かを検討した。

第2章では、国や電力会社によって宣伝されている「原発の電気が一番安い」という主張が本当か否かを検討した。「原発の電気が一番安い」の根拠とされている資源エネルギー庁のモデル試算を過去の分も含めて検討し、それが嘘であること、カラクリが主として「同一の高い設備利用率」及び「算定方式の変更」にあることを明らかにした。

第3章では、原発の立地効果とされる雇用効果と財政効果を福島県の文書を基に検討し、それらの効果が一時的であること、さらに、一時的であるが故に増設を認める力学として働き、地域住民が原発に物を言えない状況がつくられることを論じた。また、島根原発三号機増設や上関原発の事例をつうじて、電力会社が地域の漁民の権利を侵害したり、住民の行為を違法に制限したりする様相、及び裁判所がそれに加担することを紹介した。

第4章では、脱原発が必要かつ可能であることを八点にわたって論じた。また、脱原発とは別に、日本の風土に合った小水力や石油に代替し得るバイオエネルギーを中心に、再生可能エネルギーの多様な利用を進めるべきこと、また「省エネルギー＞再生可能エネルギーの電力以外の利用＞再生可能エネルギーの電力利用」の優先順位に基づいて低炭素社会づくりを進めるべきことを論じた。

さらに、付論として「水車が語る農村盛衰史」を収録した。明治時代に水車が近代工業の動力源として活躍し、明治十年代などは「水車時代」と呼べるほど水車が隆盛したこと、及び、水車が次第に蒸気力、さらには電力に代わるにつれて、工業地帯も農山村から都市に移っていったことを紹介するとともに、ちがった発展の仕方があり得なかったかを問うている論稿で、約三十五年前に書いたものであるが、本書の内容に合致するため収録した。

＊

筆者は、「脱原発が必要かつ可能」との立場に立つ。しかし、だからといって、従来の電気事業の地域独占体制や電気料金算定の総括原価方式、あるいは再生可能エネルギーの固定枠買取制度など脱原発の立場からは評判の悪い制度や方式について、善悪二元論で論じるような手法をとってはいない。それらの制度や方式についても、その根拠をふまえ、それが現在でも当てはまるか否か、また、それぞれの制度や方式の長所や短所は何かを検討・吟味したうえで是非を判断するように努めている。ことは善悪二元論で片づけられるほど単純ではなく、異なる見解についても是々非々の姿勢で虚心に検討することが必要だと思うからである。また、情緒的なレッテル貼りになりがちな善悪二元論ではなく、そのような姿勢で論じてこそ着実に変革を勝ち取れると思うからである。そのため、緻密な検証や論証を経る記述になり、類書よりも読み難いかもしれないが、ご理解・ご容赦いただければと思う。

本書が、脱原発の実現にいささかでも貢献することがあるとすれば、また、福島の被災者の方々をはじめ、全国各地の原発に苦しめられている方々をいささかでも力づけることがあるとすれば、筆者の喜び、これに過ぎるものはない。

第1章　電力自由化と発送電分離は必要か

日本の電気事業は、長年、一定の地域内における需要家に対して独占的に電力を供給する地域独占体制がとられてきた。

そもそも「独占」という言葉には悪いイメージがつきまとうこともあり、近年、「地域独占」には批判が多い。しかし、ではなぜイメージの悪い「独占」という言葉をわざわざ使った地域独占体制がとられたのか。

地域独占に賛成するにしろ反対するにしろ、その根拠をふまえることが必要であろう。根拠をふまえれば、地域独占を変えるべきか否か、変えるための条件が満たされているか否かなども判断し得ることになるはずである。

1　地域独占の根拠とその崩壊

(1)　日本の電気事業体制

日本の電気事業は、現在、一般電気事業者、卸電気事業者、特定電気事業者、特定規模電気事業者の四種の電気事業者によって営まれている。

特定電気事業者と特定規模電気事業者は、一九九五年以降、電力自由化が進行するなかで新たに生まれた電気事業者である（図1―1）。

一般電気事業者は、一般の需要家に対して発電、送電、配電を一貫して行なっている事業者で

図 1-1　日本の電気事業体制のイメージ図

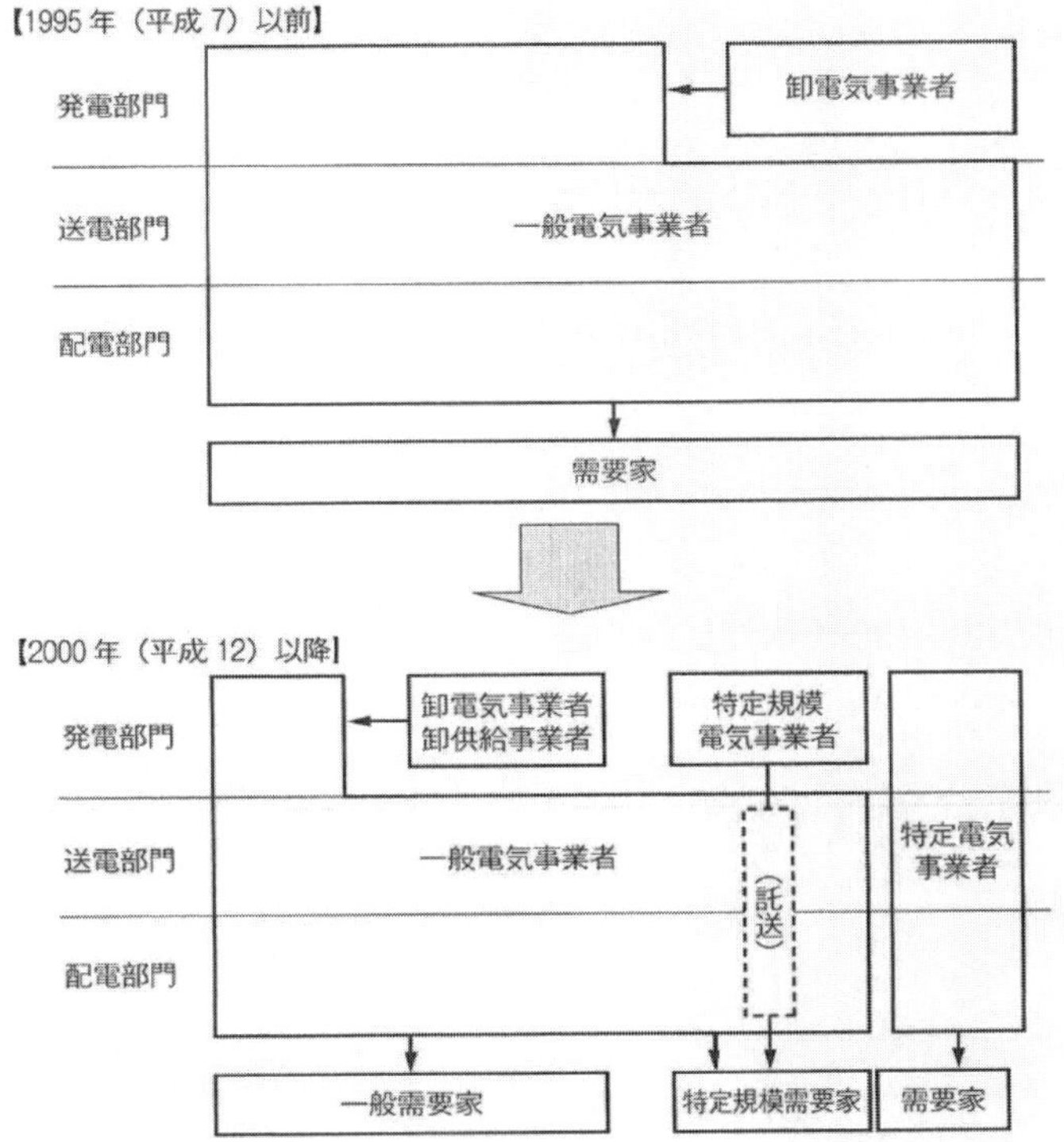

（注）卸電力取引所における取引等は記載していない。

出典：『電気事業講座１　電気事業の経営』８頁

あり、一般に電力会社と呼ばれる一〇社（北海道電力、東北電力、東京電力等）がこれに該当する。

卸電気事業者は、一般電気事業者に電気を卸供給することを目的とした事業者である。二〇〇万kW以上の発電設備を有することを原則とし、電源開発（株）、日本原子力発電（株）の二社がこれにあたる。その他、卸電気事業者ほど規模は大きくないが、一般電気事業者に卸供給する事業者が「卸供給事業者」であり、一般に「ＩＰＰ（Independent Power Producer）」または「独立電気事業者」と呼ばれている。地方公共団体による公営電気事業も「卸供給事業」に区分されている。

特定電気事業者は、特定の限られた地域の需要に応じて電気を供給する事業者で、諏訪エネルギーサービス、東日本旅客鉄道、六本木エネルギーサービス、住友共同火力、ＪＦＥスチールの五社がある（二〇一一年九月一日現在）。

特定規模電気事業者は、契約電力が五〇kW以上の需要家に一般電気事業者の持つ送電線を用いて電気を供給する事業者であり、一般に「ＰＰＳ（Power Producer and Supplier）」と呼ばれている。エネット、ダイヤモンドパワーなど四五社がある（二〇一一年六月一日現在）。

これらの他に、自家消費を目的とした「自家用発電」、密接な関係を有する者の間（本社と子会社など）での電力供給を目的とした「特定供給」によっても電気は供給されている。

(2) 地域独占の根拠は「規模の経済」

一般電気事業は、以前は、一定の地域内のあらゆる需要家に対する地域独占が認められていたが、一九九五年以降の電力の部分自由化の結果、現在は契約電力五〇kW未満の需要家（主に一般家庭）に対する独占となっている。

一般電気事業に地域独占が認められていることは、経済学のうえで、次の①～⑥のような論理構成で説明されている。

①電気事業は、巨額の設備投資（発電所、送電線、変電所等）を必要とする設備産業である。いいかえれば、固定費が膨大にかかり、かつ事業費に占める割合が大きい。
②したがって、供給量が増大すればするほど、その単位供給量当たりの平均費用が逓減する「費用逓減産業」であり、「規模の経済」がはたらく。
③したがって、もしも私企業の自由な競争に委ねるならば、競争の結果として、必然的に企業は巨大化し、企業数は減少して、少なくとも地域的には独占となっていく。
④その場合には、自由競争の過程で、供給設備の二重投資・過剰投資、競合区域における際限のない割引競争及びその反面の独占区域におけるサービス水準の低下、企業倒産に伴なう混乱等の国民経済的浪費や社会的混乱が生じるうえ、その結果、独占企業が成立した時には、電気が国民生活の必需品であり、また代替性に極めて乏しいため、企業が独占価格を設定し、法外な利潤を獲得しようとするのを避けることができない。
⑤したがって、以上のような電気事業については、私企業を公有化するか、または私企業の価格形成を公共的に管理するかして、価格を公共料金として管理しなければならない。
⑥しかも、④に述べたような国民経済的浪費や社会的混乱を避けるためには、公共料金として

管理することを前提に地域独占体制をとることが合理的である。

経済学における以上のような論理構成は、日本及び諸外国の電気事業の歴史に根ざしたものである。すなわち、日本について見るならば、一八八七年に東京電燈会社が初めて電気供給事業を開始して以来、一九三六年に「電力国家管理要綱」が制定されるまでの間、電気事業は原則として民間の自由競争に委ねられていた。その結果、弱小企業が淘汰ないし吸収合併されて、東京電燈、東邦電力、宇治川電気、大同電力、日本電力の五大企業が出現し、いわゆる「五大電力時代」(大正中期から昭和初期)をむかえる一方で、大正末期から昭和初期にかけて激しい市場争奪戦を展開し、供給設備の二重投資、経費の浪費など、上記④に述べた弊害が如実に見られたのであった。

そのため、一九三二年に五大電力の協調機関として電力連盟が結成され、競争を避けて二重投資をしないことなど一二条の規約を設けて自主統制が行なわれた(1)。そして、その後、一九三六年「電力国家管理要綱」、一九三八年「電力管理法」、「日本発送電株式会社法」等の制定により、「電力国家管理時代」へと移行していったのである。

以上のような電気事業の歴史、及びそれに根ざした経済学の理論にもとづき、電気事業法は、一般電気事業について、原則として地域独占を認めるとともに、その反面、供給義務を課し(一八条)、また「供給約款」(料金その他の供給条件を定めたもので、一九九五年電気事業法改正までは「供給規程」と呼ばれていた)の設定及び変更について大臣の認可を要する(一九条)として、独占に伴う弊害が生じるのを規制している。

(3)　分散型電源が「規模の経済」を崩す

地域独占がとられていることの根拠は、要するに、電気事業が費用逓減産業であること、いいかえれば、「規模の経済」がはたらくことである。

地域独占がとられている事業は電気事業に限らない。ガス事業や水道事業においても同じ理由から地域独占が認められ、その代わりに、料金が公共料金として管理されている。電気事業・ガス事業の場合には関東地方、東北地方といった広域を、水道事業の場合には原則として市町村をそれぞれ地域独占の単位とするが、それは、それぞれの技術に照らして適切な規模が選ばれたということであろう。

しかし、電気事業の場合、地域独占の根拠である「規模の経済」は、近年、コジェネレーションなどのエネルギー効率（投入したエネルギーのうちどれくらいの割合を利用できるかを示す比率）のよい分散型電源の登場によって崩されることとなった。

コジェネレーションとは、本来二つのものを発生させるという意味であるが、電源の場合には、熱と電気の二つを供給するという意味であり、「熱電併給」と呼ばれる。

小規模電源であるコジェネレーションが大規模電源とコストで拮抗し得る最大の要因は熱利用も行なえる点にある。

大規模電源の場合、発電効率（発電において投入したエネルギーに対する発生電力量のエネルギーの割合）は、火力で四〇％程度、原子力で三三％程度である。残りの六〇％や六七％の熱エネルギーは冷却水によって吸収し、温排水として海に捨てている。日本で大規模電源がいずれも臨海部に立地されているのは、冷却水としてコストの安い海水を利用しているからである。

他方、コジェネレーションの場合には発電効率は大規模火力と同じ四〇％程度であるが、大規模電源が捨てている熱のうちの三分の二、したがって燃料のエネルギーの四〇％程度を熱利用できる。その結果、電気利用で約四〇％、熱利用で約四〇％、計約八〇％を利用できるから、発電コストを安くできるのである。

では、大規模電源でも熱利用すればいいと思われるかもしれないが、大規模電源では発生する熱があまりにも大量なため、その利用が困難で、捨てるほかはない。熱利用のためには、それが小規模分散で発生することが必要なのである。

要するに、コジェネレーションは、小規模分散型であるがゆえに熱利用が可能になり、熱利用できるがゆえに発電コストを安くできたのである。

(4) 電力自由化の制度改革

一九八五年のプラザ合意以降、急速な円高が進んだために日本の電気料金の割高感が高まった。その一方で、大規模発電とコスト的に対抗し得るような分散型電源が登場してきたため、分散型電源にも発電を認めるべきとの声が上がり、電力についても徐々に自由化が進むことになった。

現在まで、電力自由化の制度改革は三次にわたって行なわれている。

第一次制度改革（一九九五年電気事業法改正）では、「発電部門への新規参入の拡大」が進められた。

［第一次制度改革］

すなわち、一般電気事業者に電気を供給する「卸電気事業者」を発電設備の出力合計が二〇〇万kWを超える者に限定する一方、その規模に達しない者は「卸供給事業者」として発電市場に自由に参入できることとした。ＩＰＰの参入にあたっては、電気事業者の電力購入の方法が公平性・透明性のある制度として構築されることが不可欠との観点から、電力購入に関する入札制度が導入された。

また、コジェネレーションなど分散型電源の普及の可能性が高まったため、限定された地点内の需要に応じて責任をもって電気を供給する「特定電気事業」という新たな事業形態が創設された。

［第二次制度改革］

第二次制度改革（一九九九年電気事業法改正）では小売自由化が実現した。主な改正点は次の①〜③である。

①小売自由化

電力会社の送電網を使用して大口需要家（供給電圧二万Ｖ以上・契約電力二〇〇〇kW以上、ただし、沖縄については供給電圧六万Ｖ以上・契約電力二万kW以上）を対象に電気を供給する小売事業が認められるようになった。この事業の担い手の小売事業者が「特定規模電気事業者（PPS）」である。

②託送制度

小売自由化のために、電力会社の持つ送電ネットワークを利用してPPSや他の電力会社（以下、「PPS等」）が送電するための制度、すなわち、託送（送電ネットワークを有する電力会社が他者の求めに応じて、その供給先に電気を送ること）制度が整備された（図1―2）。送電ネットワークの利用は「接続供給」として電気事業法に位置づけられ、電力会社が料金その他の供給条件について「託送供給約款」（以下、「託送約款」と記す）を定め、経産省に届け出たうえで、電力会社とPPS等との間で託送約款に基づいて託送契約を締結し、託送契約に基づきPPS等が一般電気事業者に託送料金を支払うことになった。要するに、PPS等が送電ネットワークを利用して送電するには託送料金を支払わなければならないということである。

送電ネットワークを持つ電力会社もまた発電部門と送電部門の会計が分離され、発電部門が送電部門に託送料金を支払うことになった。

③三〇分三％以内の同時同量原則

需要家の負荷変動に応じた瞬時瞬時の負荷追随は、ひき続き電力会社が行なうことが合理的とされた一方、PPS等は、一定の単位時間の範囲内で、需要家と契約した供給量をネットワークに提供すれば発電量と需要量は一致した（同時同量を達成した）と見なすことにな

図 1-2　託送制度のイメージ図

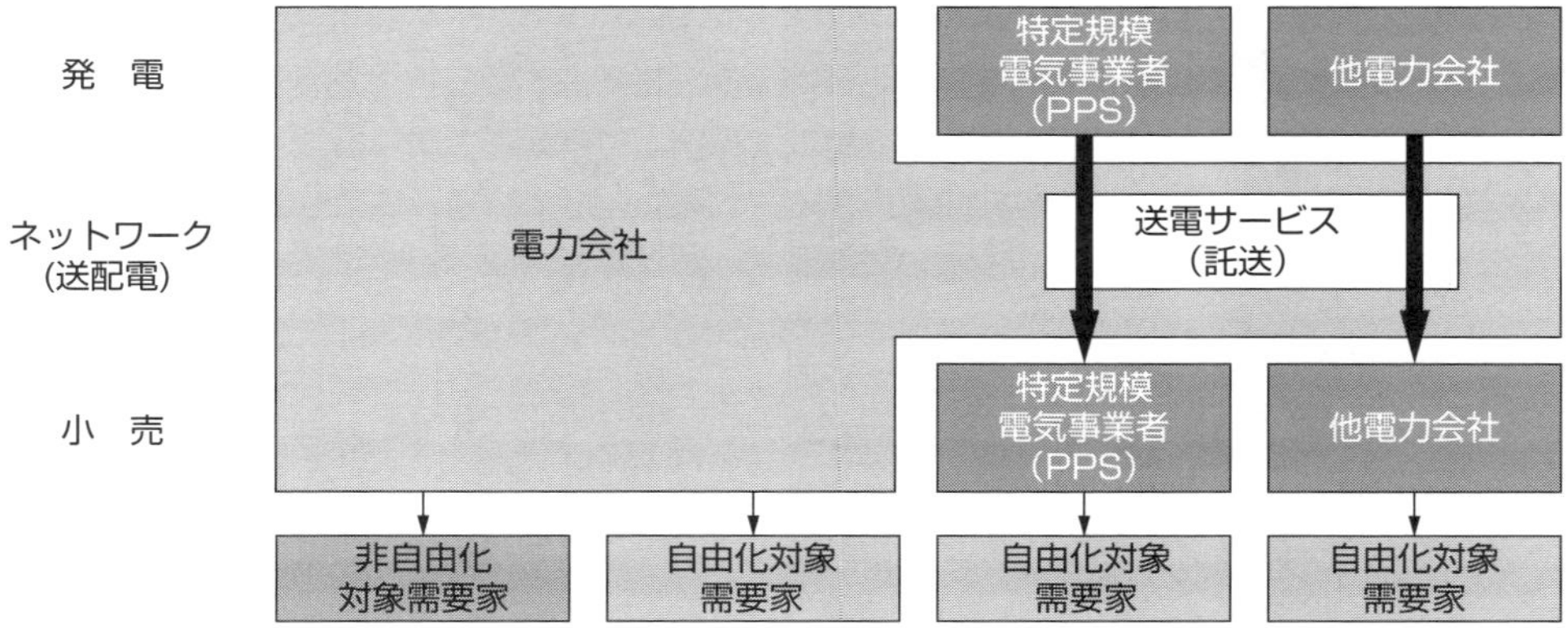

（注）1.　供給事業者は、自社電源・他社との契約霜電源により、自社の需要に合わせて供給を行なう。
2.　瞬時瞬時のネットワーク全体の需給均衡は電力会社が行なう一方、新規参入者は30分間を単位として発発電量と需要量を一致させることで同時同量を達成したとみなす。

出典：『電気事業講座1　電気事業の経営』39頁

った。

具体的には、ＰＰＳ等は三〇分間を単位として同時同量を達成すればよいこと、また、それが達成されない場合には電力会社が不足電力の補給を行なうこととされ、契約電力の三％以内の不足電力についてはＰＰＳ等が負荷変動対応電力料金を電力会社に支払い、不足電力が三％を超える場合は契約超過金相当を支払うこととされた。

［第三次制度改革］

第三次制度改革（二〇〇三年電気事業法改正）では、次の①～⑤のような制度改革がなされた。

①小売自由化範囲の拡大

需要家の選択肢の幅を広げるべく、小売自由化の範囲を段階的に拡大することとなった。小売自由化の範囲拡大は図１―３のように進められ、二〇〇五年三月からは、高圧部門のすべてを範囲に含むこととなった。その結果、小規模工場やスーパー、中小ビルをも含むようになり、自由化市場の電力量の総電力量に占める割合は約六三％となった。つまり総電力量の約六三％は、ＰＰＳが参入し得ることになったのである。

②送配電部門の調整機能の確保

電力系統（電力の発生から消費に至るまでの一貫したシステムで、発電所・送電線・変電所・配電線・負荷などから構成される）の安定的運用のため、送配電部門の調整機能を確保することが必要とされ、従来電力会社によって策定されていた系統に関するさまざまなルールについて、公平性・透明性を高める観点から、その策定・監視を行なう中立機関として電力系統利

図1-3　小売自由化の範囲拡大

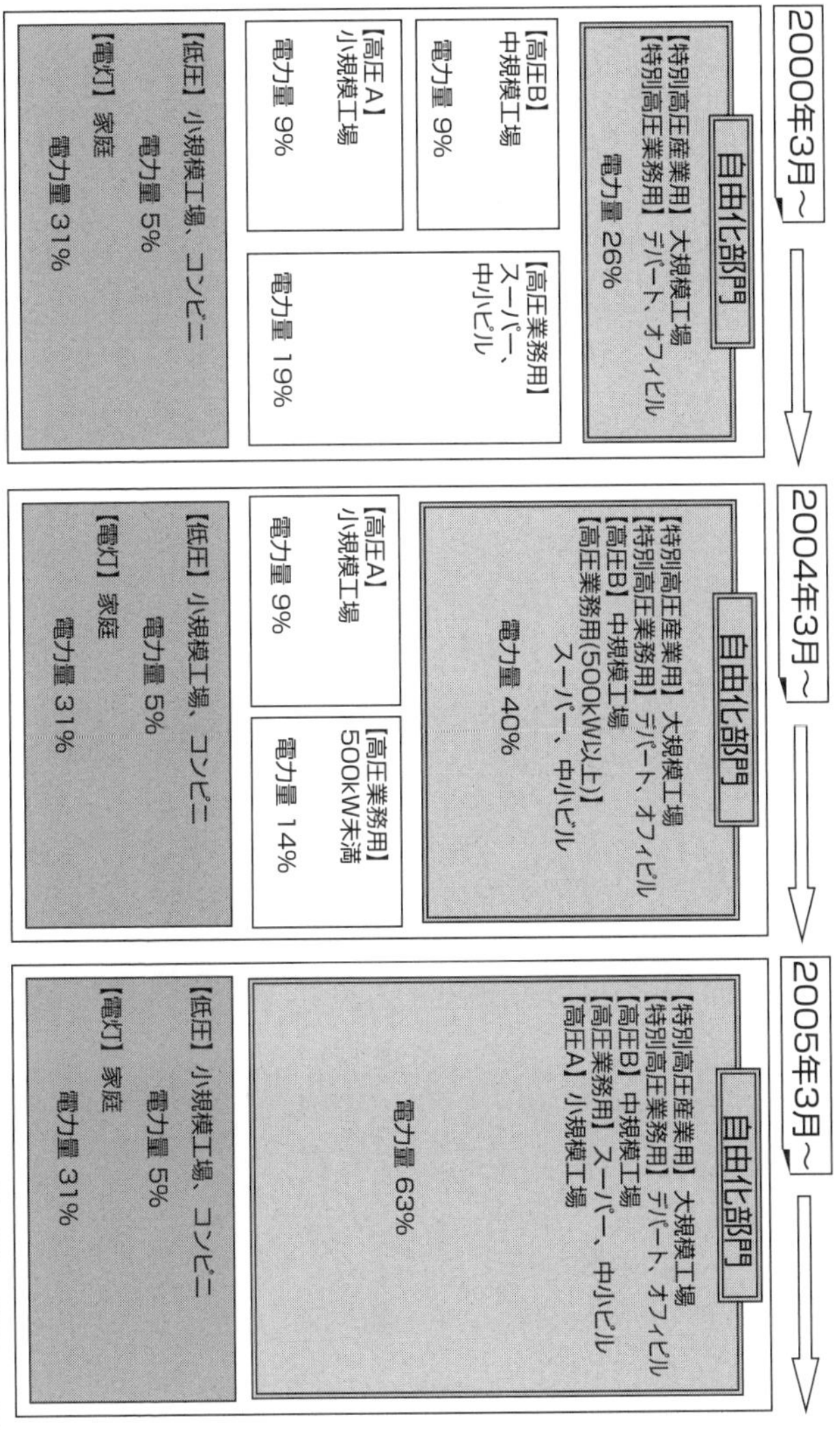

出典：『電気事業講座1　電気事業の経営』41頁

用協議会が設立された。

また、送電ネットワーク所有者である電力会社の競争妨害・排除行為や自社が有利になるようなコスト・ルール設定を防止する規制（「行為規制」と呼ばれる）が法制化された。

③全国規模の電力流通の活性化

電力会社の供給区域をまたぐ電力流通を活性化するため、電力会社の供給区域をまたぐごとに課されていた振替料金制度を廃止した。

また、送配電部門は依然として電力会社による独占が続いているため、系統利用料金については、届出制を維持しつつ、行政による変更命令発動基準をより明確にして、料金低減のための機動性を高めることとした。

④電源開発投資環境の整備

カリフォルニアの電力危機を踏まえ、原子力や水力などの長期固定電源への投資が競争促進の中で困難化することへの対策として、電力不足時に電力調達が容易になるよう、卸電力取引所を整備するとともに、逆に、電力需要量が著しく少なくなる時間帯に原子力や水力などの出力抑制を回避するために、優先給電指令制度（一般電気事業者からの「出力抑制または停止」という要請にＰＰＳが従わなければならない制度）を導入した。

⑤系統利用ルールの再設定

自由化範囲が高圧電力にまで拡大することに伴い、ＰＰＳの常時監視コストが増加することに配慮し、「三〇分三％以内の同時同量原則」は維持しつつも、変動範囲一〇％までの選

図1-4　PPSの販売電力量シェアの推移（全国）

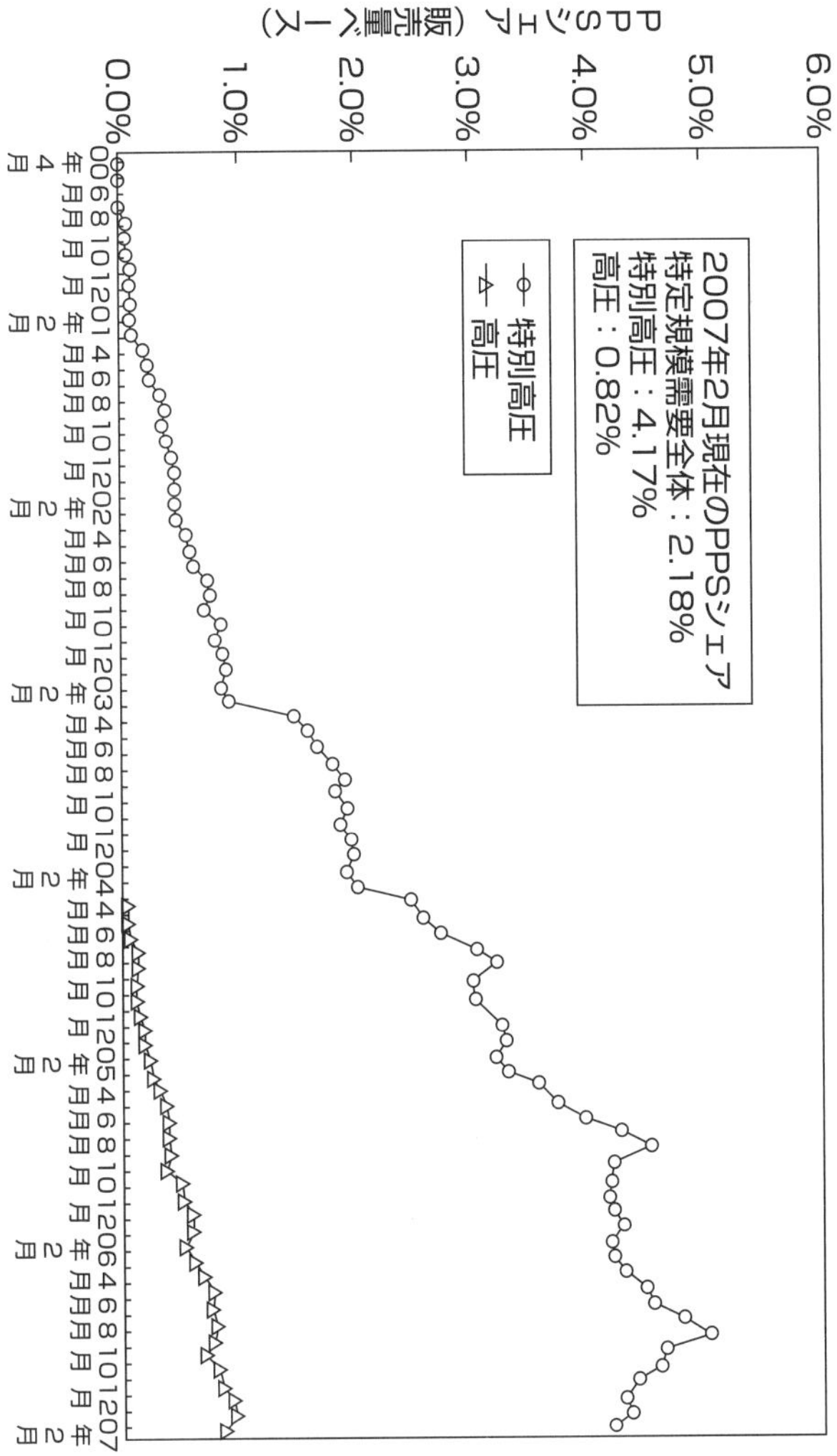

出典：『電気事業講座１　電気事業の経営』51頁

図 1-5　PPS の販売電力量シェア（需要種別）

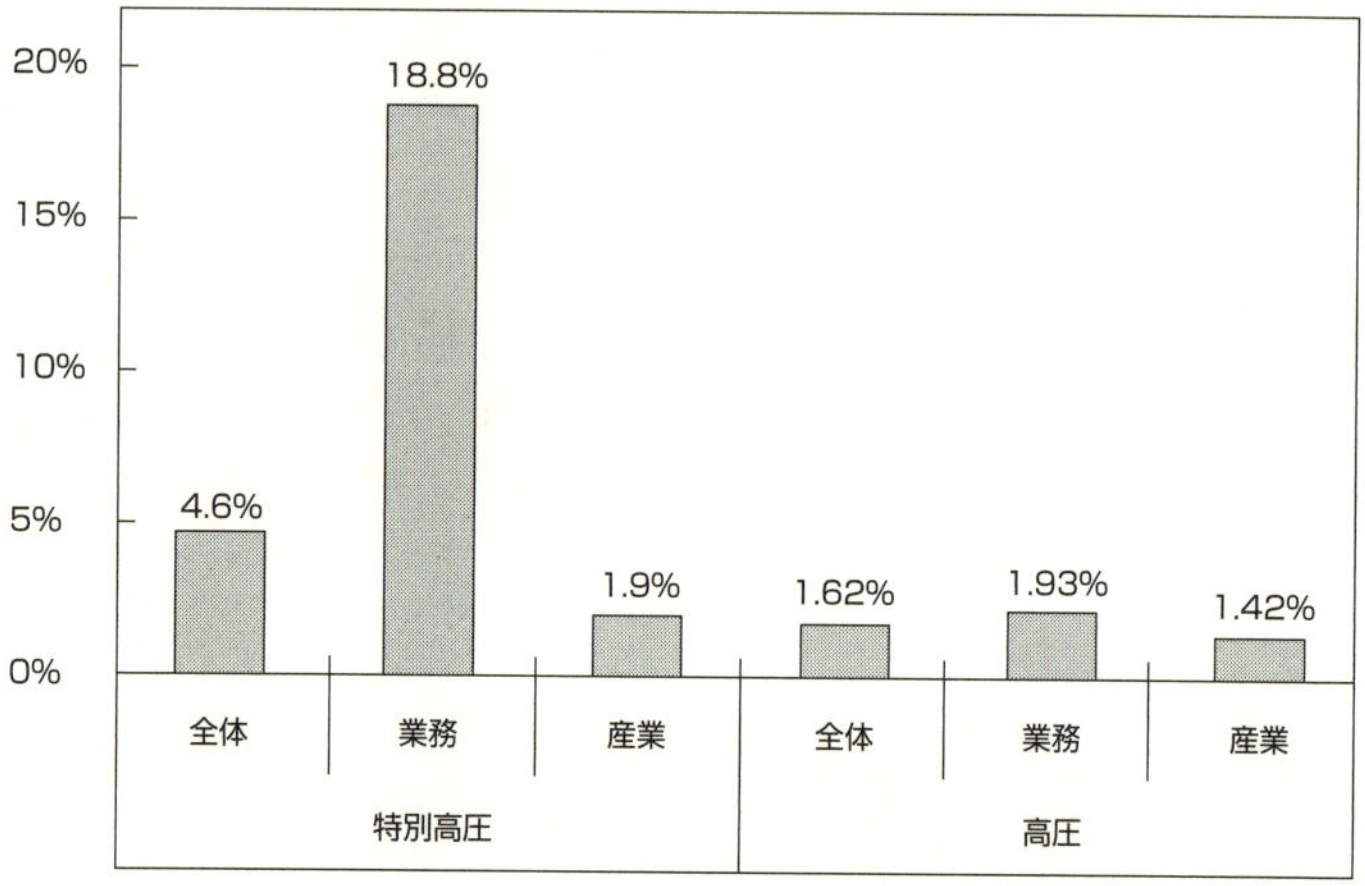

出典：『電気事業講座1　電気事業の経営』51頁

択を可能とする弾力的な料金メニューを設けることとした。

(5)　PPSの進展と電気料金の低下

三次にわたる制度改革を通じて、特定規模電気事業者（PPS）の販売電力量のシェアは次第に伸びてきた（図1―4）。伸びは業務用で著しく、とくに特別高圧業務用では二〇〇七年に約一九％に達した（図1―5）。

最近では電力会社が自治体などで徐々にシェアを落としている。

東京都立川市では、二〇一〇年に競輪場について入札したところ、東京電力など四社が参加したが、それまでの東京電力に代わり、PPSが落札した。東京電力の電気料金を一〇〇とすると、PPSは七一、七七、七九という料金であったという。PPSが東京電力に託送料金を払ってもなお東京電力よりもはるかに安い料金

図 1-6　自由化部門における電気料金の推移

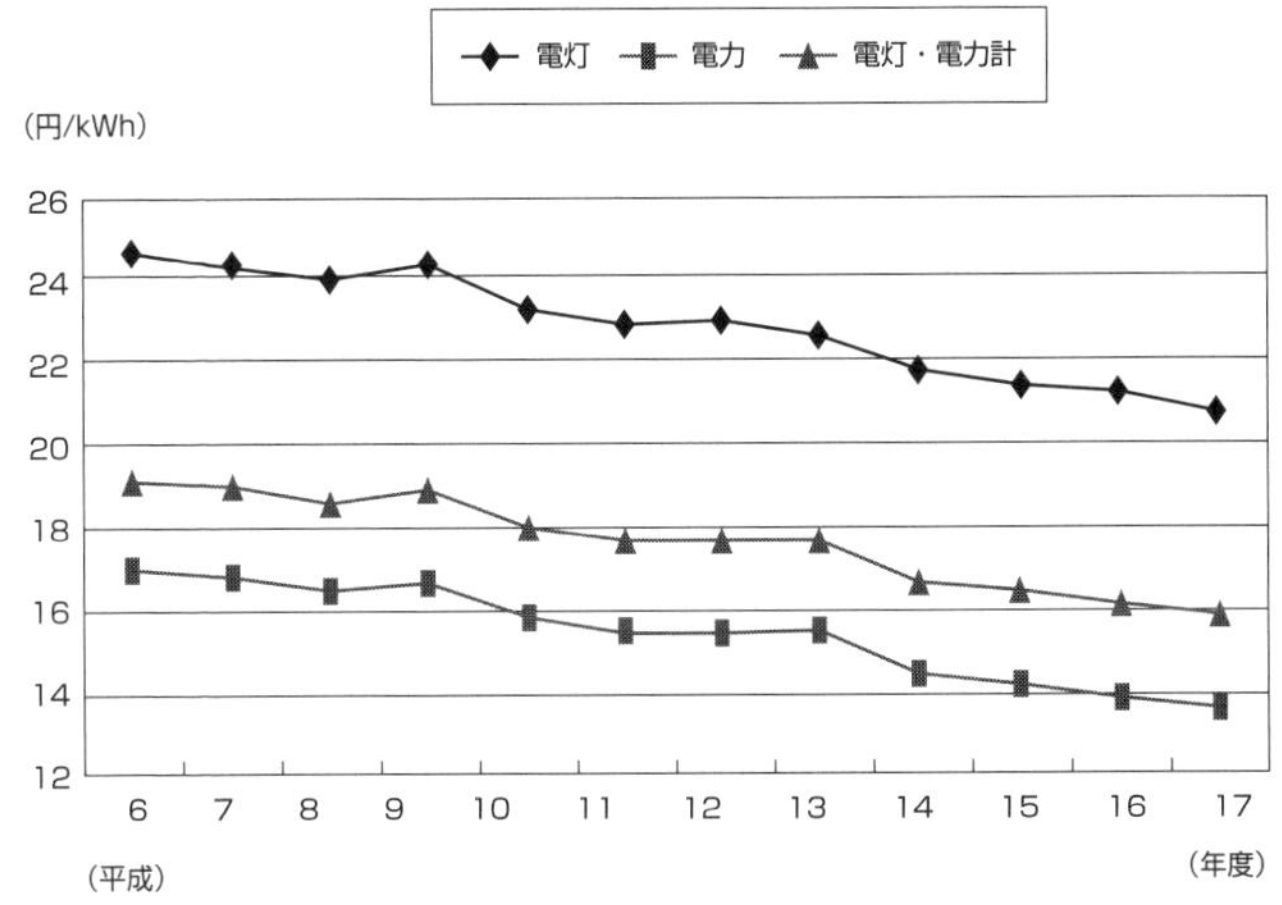

出典 :『電気事業講座３　電気事業発達史』273 頁

図 1-7　電力自由化以降の電気料金の推移

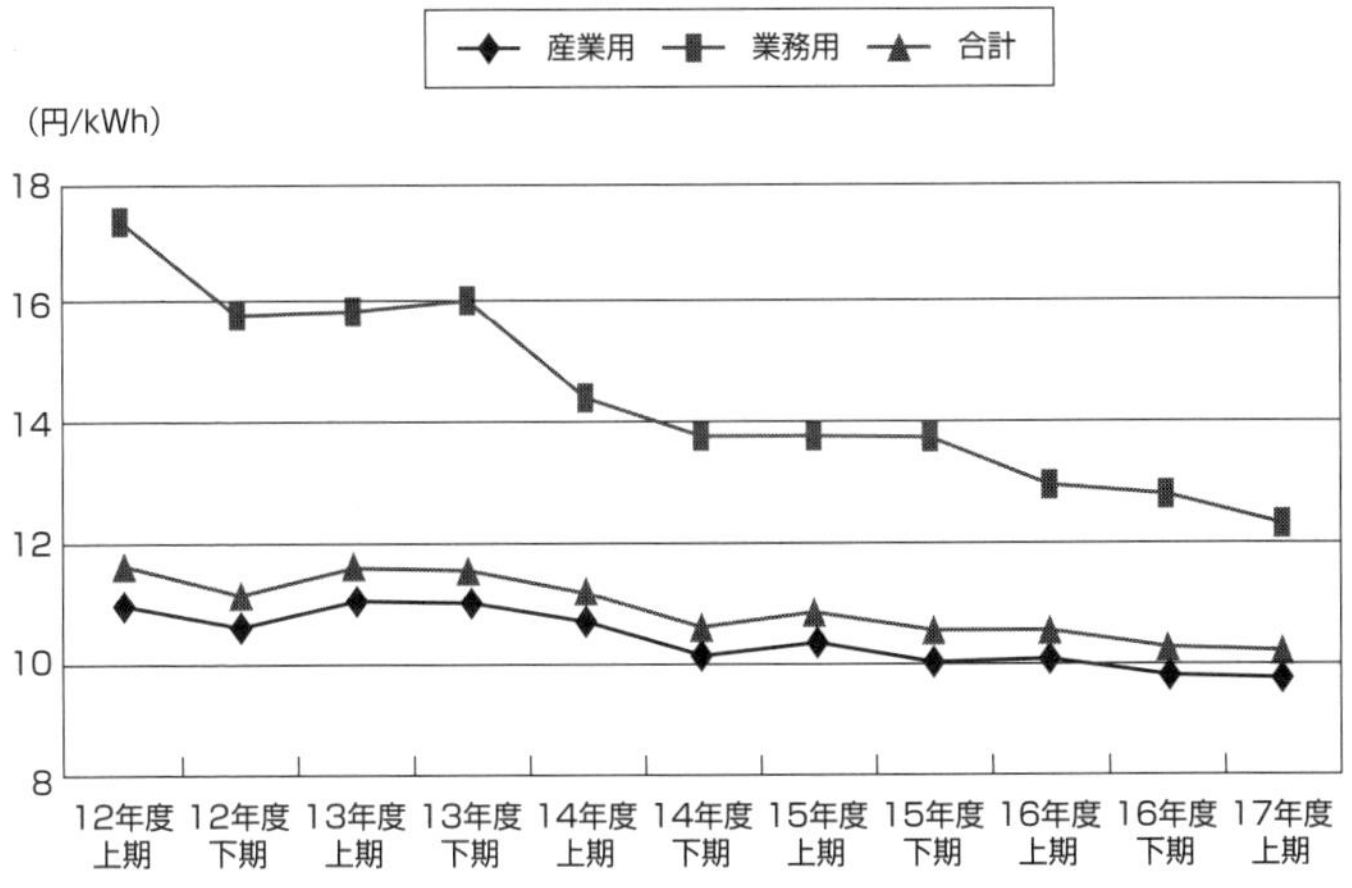

出典 :『電気事業講座３　電気事業発達史』273 頁

を提示したのである。

ＰＰＳは、産業用ではまだシェアは低いが、オフィスビル、学校、ホテルなど業務用ではシェアを伸ばしており、東京電力管内では九％に迫り、関西電力管内では七％近くに達している。霞ケ関の主要官庁でも、電気事業を主管する経済産業省をはじめ、防衛省を除くあらゆる省庁がＰＰＳと契約している(2)。

また、電気料金も制度改革が始まった一九九五年度以降確実に低下している（図1―6）。低下は、自由化部門において特に著しい（図1―7）。

2　総括原価・レートベース方式は正すべきか

日本の電気事業体制は、地域独占から部分自由化へと変化してきている。そのため、電気料金にも、政府の認可による「規制料金」と当事者間の交渉により決定される「自由料金」の二種の料金が混在することとなった。

政府の認可による「規制料金」の供給において、その供給が地域独占であるからといって料金決定が恣意的であってよいはずはない。

むしろ、料金を恣意的にさせないことの見返りとして地域独占が認められているのだから、その料金決定は合理的なものでなければならない。

では、「規制料金」は、どのように算定されているのだろうか。

⑴　電気料金決定の三原則

電気事業法一条は、「この法律は、電気事業の運営を適正かつ合理的ならしめることによって、電気の使用者の利益を保護し、及び電気事業の健全な発達を図る……」と規定している。つまり、法の目的として「電気の使用者の利益の保護」と「電気事業の健全な発達」を掲げ、そのために電気事業の運営を適正かつ合理的にならしめることが必要とされている。そして、この観点から、一九条で電気料金のあり方を定めている。

一九条に定められている電気料金決定の原則は、一般に「電気料金決定の三原則」と呼ばれており、次の①～③である。

①原価主義の原則

電気事業は公益事業であり、かつ地域独占の形で電気の供給を行なうことから、その料金は電力会社に過大な利潤をもたらすものであってはならないし、また、その反面、適正健全な経営の遂行を不可能にするようなものであってはならない。したがって、料金は「電気事業が能率的な経営のもとに良好なサービスを提供するために必要な原価」という客観的な基準によって決定されるべきである。これが「原価主義の原則」である。

原価主義は、「総括原価主義」と「個別原価主義」の二つに分けられる。

「総括原価主義」とは、電気を供給するのに必要な発電から販売に至るすべての費用に事業報酬を加えた総括原価と電気料金収入とが見合う必要があるというものである。

「個別原価主義」とは、電気料金が、各需要種別間及び各需要家の間で不公平にならないよう、供給電圧、電気の使用態様などの負荷の特性を適切に反映する基準に基づいて公正妥当に決められる必要があるというものである。

②公正報酬の原則

電気事業は巨額な固定資産を必要とする設備産業であることから、必要な設備の建設・維持等に要する資金の調達を円滑にするために一定の報酬が必要である。このため、事業報酬が総括原価の構成要素として料金原価に織り込まれている。公益事業料金としての性質上、事業報酬は適正なものが求められることになり、「公正報酬の原則」が必要とされる。

公正報酬は、電気事業が合理的な発展を遂げるために必要な資金を調達し、支払利息、配当金等をまかなうに足る程度のものとされ、この公正報酬の原則を具現化する制度として、「真実かつ有効な事業資産の価値」に対して、適正な報酬率を乗じて事業報酬を算出するレートベース方式が採用されている。

③需要家に対する公平の原則

特定の需要家に対し、恣意的に特別の料金を適用するなどの差別は許されず、各需要家に対する料金は公平でなければならないという原則である。

この原則を誠実に実施するためには、各需要種別に適正な原価配分を行ない、これにしたがって料金を客観的に定め、定められた料金は各需要家に対し無差別に適用することが要請される。

⑵　総括原価とレートベース方式による事業報酬

「総括原価」や「事業報酬」には批判が多い。批判の多くは、それらによって「原発をつくればつくるほど事業報酬が大きくなって電力会社が儲かるしくみがつくられている」というものであり、反原発側からの三十余年にもわたる批判となっている。以下、総括原価や事業報酬をより詳しく見ていくことを通じて、この批判が的を射ているか否かを検討していこう。

「総括原価」とは、「総原価」ともいい、電気を供給し、電気料金として収納するまでに必要な様々な費用のことである。電気事業法では、一九条二項で「能率的な経営の下における適正な原価に適正な利潤を加えたもの」と規定されている。

総括原価は、次の四種の項目より構成される。

ａ　電気事業固定資産の減価償却費（詳しくは第２章１を参照）

ｂ　営業費……燃料費、人件費、修繕費、購入電力量、財務費用、その他の費用等

ｃ　諸税……固定資産税、法人税、事業税等

ｄ　事業報酬

「事業報酬」は「公正報酬の原則」にもとづき総括原価に組み入れられるもので、その算定方式は、「レートベース方式」と呼ばれ、一般電気事業者の有する「真実かつ有効な事業資産」（「レートベース」と呼ばれる）の価値に報酬率を乗じることによって算出される。

「レートベース」とは、次の六つの資産である。

①電気事業固定資産……原価計算期間中の電気事業固定資産の平均帳簿価額（いわゆる簿価）。
②建設中の資産……原価計算期間中の建設仮勘定の平均残高から建設中利子相当額及び工事費負担金（特別な工事を要する場合に原因者に負担してもらう費用）を控除した残高の二分の一に相当する額。
③核燃料……原価計算期間中の装荷核燃料（原子炉の中に挿入済みの核燃料）及び加工中等核燃料の平均残高の合計。
④繰延資産……原価計算期間中の株式発行費及び社債発行費の平均残高の合計。
⑤運転資本……営業費の一・五カ月分及び燃料その他の貯蔵品の適正保有量相当分（一～二ヵ月分の幅で、実情に応じて決める）。
⑥特定投資……原価計算期間中の長期投資勘定の平均残高のうち、エネルギーの安定的確保を図るための研究開発、資源開発等を目的とした非収益的投資の分。

以上の六つのレートベースのうち、額が圧倒的に大きいのは①電気事業固定資産であり、次いで②建設中の資産、③核燃料の順となる。

他方、報酬率は、レートベース方式が採用された一九六〇年以来、長い間八％であったが、一九八八年に初めて七・二％へと変更され、その後も、表1―1に見るように度々変更されているうえ、二〇〇〇年改定以降は電力会社ごとの報酬率設定になっている。また、報酬率変更も、以前は大臣の認可を得なければならなかったが、二〇〇〇年改定以降は需要家に有利な変更の場合には届出ですむようになっている。

表 1-1　報酬率の推移

1960年	1988年改定	1996年改定	1998年改定	2000年改定	2002年改定	2004年/2005年改定	2008年改定
8.0	7.2	5.3	4.4	3.8 関西は3.7	3.4 東北・東京・北陸は3.5	3.2 北陸は3.3	3.0 中部は3.2 北陸は3.3

注：資源エネルギー庁からの聞き取りによる。

(3)「原発をつくればつくるほど儲かるしくみ」は本当か

事業報酬及びレートベース方式の根拠は、電力会社の設備資金の調達を考慮すれば明らかとなる。

たとえば、発電所を建設する場合、多額の建設費を要するが、それは自己資本（増資又は内部留保の活用）でまかなうか、他人資本（社債の発行又は借入金）でまかなうかのいずれかしかない。ところで、増資をすれば配当が必要になってくる。また、社債や借入金に対しては利息を支払う必要に迫られる。

ところが、発電所建設による電力会社の収入は、その発電所が完成し、電力を供給して初めて電気料金として入ってくることになる。そして、当初の建設費の元本は、発電所の耐用年数の期間、減価償却費として電気料金に含まれて徐々に回収されていくものの、配当や利息の分は減価償却費には含まれない。

したがって、電力会社の経営を健全に維持するには、建設費の支出時からそれを回収するまでの間に必要となる配当や利息の支払い等に見合った収入を、電気料金をつうじて確保できるように料金を算定しなければならないことになる。そして、電気料金のなかに組み入れられるその収入分こそが事業報酬にあたるのである。

内部留保の活用には配当も利息も必要ないが、民間企業の自己資本活用には一定の自己資本利益を伴うことを考慮すれば、電力会社にも一定の報酬を認めることは必要であろう。もしもそれを認めなければ、内部留保の活用をせずに他の資金調達に換えられるだけのことである。

以上、発電所（電気事業固定資産）を例にとって説明したが、他のレートベースについても全く同様なことがいえる。核燃料がレートベースに入っているのは、実際に核燃料として燃えるはるか以前から、ウラン鉱石として買い付け、さらに加工され付加価値が増す度に費用を支払わねばならないからである。また、営業費用の一・五カ月分は、営業費に投下された資本が料金収入として回収され、再投下されるまでには約一・五カ月の期間を要するからである。

すなわち、事業報酬とは「電力会社の設備投資に伴う配当や支払い利息等をまかなうための原資」ということができる。

一方、報酬率八%は、一九六〇年にレートベース方式が採用された際、次のような根拠で定められた。
①設備資金調達のうちわけ……標準的な資本構成として自己資本対他人資本の比率は五〇対五〇とされた。(3)
②自己資本報酬率……一九五三年から五八年までの間における全産業（電力会社を除く）の自己資本利益率の平均値（九・一二%）、公社債応募者平均利回り（七・五%）、定期預金金利（六%）を総合勘案して八・五%とされた。

③他人資本報酬率……一九五九年上期末の電力会社の社債・借入金の平均金利（七・四七％）をもとに七・五％とされた。
④報酬率……以上の①、②、③にもとづき（八・五×〇・五＋七・五×〇・五＝八％とされた。

総括原価や事業報酬の制度は、そもそも米国で私営公益事業において企業努力を引き出す趣旨から生まれ、発達した制度である。[4] その発端は、一八九八年のスミス対エームズ事件[5]で、「料金の適正な算定は、サービス供給に使用される事業財産の公正価値に基づかなければならない」、「料金は財産の公正価値に対して公正報酬を生むものでなければならない」と判示した判決にある。この判決が、公益企業の料金設定原則として公正報酬原則を基礎づけたのであった。[6]

総括原価・事業報酬は、日本では、戦後、電気料金算定基準（一九五一年）で採用され、その後、電気事業法一九条とガス事業法一七条に引き継がれた。そして、両法の施行に伴い、実質的に私営公益事業の料金設定原則として広く定着した。[7]

電力会社の事業報酬がレートベース方式によって算定されるようになったのは一九六〇年以来のことであるが、それまでは費用積上げ方式が用いられていた。両者の違いは、費用積上げ方式では、社債・借入金に対する支払い利息、資本金に対する配当などをあるがままに積み上げて、その合計を事業報酬とするのに対し、レートベース方武では、事業資産の価値に応じて事業報酬の大きさを先に決め、決められた事業報酬の枠内において支払い利息や配当などを確保させようとする点にある。わかりやすい例でいえば、費用積上げ方式は、子供の小遣いを子どもが使った分だけあげる方式、他方、レートベース方式は、一カ月の額を決めておいて、その枠内で子供にやりくりさせる方式といえる。

支払い利息や配当などをまるまる事業報酬でみてくれる費用積上げ方式がなんらの企業努力も生じさせないのに対し、事業報酬の総枠をあらかじめ決めてしまうレートベース方式は、なるべく低利率の借入れをしようとするなど設備投資の原資を極力合理的に調達しようとする企業努力を生じさせる。この、企業の自主的努力を喚起させる点で、レートベース方式は費用積上げ方式より優れているとされており、一九六〇年以降、レートベース方武に変更になったのもそのためである。

現在、日本では、電気料金のみならず、ガス料金、水道料金、鉄道運賃、バス運賃が総括原価方式で算定されており、かつ水道料金を除けば、すべてレートベース方式に基づいて事業報酬を算出している(8)。水道事業においては、長年費用積上げ方式であったが、一九九七年の水道料金算定要領の改定で、資産維持費の算定方法が従来の純粋な費用積上げ方式から一部レートベース方式の考え方を取り入れた方式に変更されたことにより、過剰な設備投資を抑制するインセンティブを水道事業者に与え、水道料金を抑制する効果が生じたといわれている。

以上から明らかなように、「原発をつくればつくるほど儲かるしくみ」との批判は誤りといわざるを得ない。総括原価主義やレートベース方式は、長年の公益事業の経験や理論的蓄積のうえに採用されている方式である。少なくとも費用積上げ方式よりもレートベース方式のほうが優れていることには異論の余地はない。

ただし、報酬率が借入金の利率や配当の実態などに比べて高すぎる場合には、「原発をつくればつくるほど儲かる」との批判はあたることになる。しかし、報酬率が低すぎる場合には、反対に原発をつくればつくるほど電力会社は損をすることになる。報酬率が適正か否かの検討抜きには「原発をつくればつくるほど儲かる」とは言えないのである。

したがって、報酬率を検討したうえで、それが高すぎるとの批判は可能であるし、かつ有意義であるものの、それはレートベース方式自体の問題とはまた別の問題である。また、近年は報酬率が度々変更されるようになっているため、恒常的に「原発をつくればつくるほど儲かる」仕組みになっているということは困難である。

(4)　広告費や研究費を電気料金に含めてよいのか

では、総括原価方式に問題点はないのか。

福島原発事故をきっかけとして、電力会社の広告費が多いことが広く知られるようになった。電力会社や関連団体の総計年間広告費は企業別の広告費統計でトヨタ自動車を超えて一位になり、約二〇〇〇億円に達する、といわれている。[9]

また、電力会社から多くの研究費が学者に渡されてきた結果、多くの学者が御用学者となるばかりか、原子力学会全体が御用学会化し、原子力関連業界などとともに「原子力村」と呼ばれる利益共同体をつくっていることも、福島原発事故を通じて多くの国民に知られるところとなった。[10]その原子力村を形成する原動力になった資金が広告費・研究費なのである。

では、広告費や研究費は、電気料金にどのように含まれているのか。

広告費や研究費は、営業費の「その他の費用」の中に「普及開発関係費」や「研究費」として含まれている。研究費のうち、「エネルギーの安定的確保を図るための研究開発」を目的とした投資はレートベースの特定投資に含まれる。それらは、営業費や事業報酬として電気料金の総括原価の中に含まれることになる。

しかし、そもそも、地域独占を認められている企業に、どうして広告費が必要なのか。

広告は、市場で競争を行なっている企業が、広告費が製品価格に上積みされることに伴って需要を減らすことを承知のうえで、なおかつ、その需要減を宣伝効果に伴う需要増が上回ることを期待して行なう行為である。広告という行為には、一般に、広告の対象となる製品で競争があり、消費者が競合する製品の中から選択できるという背景がある。

それに対して、地域独占を認められている電力の場合、消費者である家庭が選択できる余地はない。関東地方の家庭は基本的に東京電力の電気を購入するしかない。

したがって、地域独占を認められている企業が莫大な広告費を製品価格に含め、それが国に認可されてきたこと自体が不当というほかはない。いままで国の認可の際にチェックされなかったことは、いかに日本の特権層が相互に癒着しているか、日本ではチェック機構がいかに有効に機能しないかを物語っている。(11)

「電力会社の地域独占が崩れているから広告費は必要だ」との反論があるかもしれない。しかし、広告費を電気料金に含めることは電力自由化が進む以前から行なわれてきたし、現在でも、電力会社の広告の多くは「オール電化」をはじめとした家庭向けの広告であり、したがって地域独占を認められている規制部門での広告である。また、広告費を電気料金に含めて家庭に強制負担させることを認めていては、自由化部門における競争を歪めることになる。

広告費や研究費が原子力村を形成する原動力となってきたこと、及び、国による認可では原子力村の形成を全く防げなかったことに鑑みれば、それらを電気料金に含めることは早急に廃止すべきである。電力の性格から目先の利益にこだわらない長期的な研究開発投資が必要ということであれば、国会の論議を経たうえで国で負担すべきであり、消費者から強制徴収する電気料金に含めるべきではない。

(5)　総括原価方式に代わる方式はあるか

前述のように、総括原価方式やレートベース方式は、長年の公益事業の経験や理論的蓄積に基づいて採用されている方式であり、それなりの根拠、合理性をもっている。しかし、あらゆる方式がそうであるように、総括原価方式にも長所も短所もある。

では、総括原価方式の長所や短所は何か。また、総括原価方式に代わる方式はあるのか。

総括原価方式の長所は、料金算定の根拠が明確である、設備投資のための資金調達を保証し安定供給を実現する、レートベース方式に基づく事業報酬の場合には費用積上げ方式よりも企業努力を引き出せるなどである。しかし、他方、コスト算定のためにサービスごとに膨大なデータを収集整理しなければならない、コスト削減努力をすれば料金値下げにつながり、「自分で自分の首を絞める」結果になるのでコスト削減のインセンティブが働かないなどの短所も存在する。

公共料金の算定方式として総括原価方式の短所を克服すべく普及している方式が「プライスキャップ制（上限価格制）」である。[12]

「プライスキャップ制」は、いくつかのサービスをまとめた「バスケット」ごとに消費者物価上昇率から一定の「生産性や事業の効率向上の努力目標」を差し引いて算出された率を料金値上げの上限（キャップ）として設定する方式である。この方式によれば、物価が値下がりした場合や生産性向上等の努力目標を高く設定した場合には料金値下げをすることになる。また、あくまで上限料金を設定するだけなので、各事業者自らの判断で料金を決めることができ、料金値下げは自由である。

提唱者の英国バーミンガム大学のリトルチャイルド教授によれば、プライスキャップ方式の長所は次の①～⑥である。

①膨大なデータを収集整理する必要がないので事業者の負担が軽減される。

②コスト削減分を利益とできるのでコスト削減のインセンティブが働く。

③新規設備投資で事業効率を上げるインセンティブが働く。

④いくつものサービスをバスケットにまとめて、その全体に上限を設定するだけなので、たとえば、市外料金を値下げした分だけ市内料金を値上げするなど、弾力的な料金体系の変更を行なうことができる。

⑤事業者の効率向上の努力目標を差し引くので、事業者の効率向上を促し、長期的には料金の

値下げにつながる。

⑥規制当局も、チェックのための事務が大幅に軽減される。

米国の電気通信事業では、総括原価方式が事業者のコスト削減と効率増進の意欲を殺いでいるとの批判に応えて、一九九一年、プライスキャップ方式が導入され、以降多くの電気通信事業者が総括原価方式からプライスキャップ方式へと移行した。また、英国では、一九九〇年の電力自由化に際して、プライスキャップ方式が導入された。

ただし、プライスキャップ方式にも短所がないわけではなく、先行的な設備投資が先送りされる恐れや上限価格の設定如何では独占利潤を許容する恐れがあること、技術が確立され技術革新の乏しい分野には不向きであることなどが指摘されている。

いずれにせよ、プライスキャップ方式は、独占状態から競争状態へ移行しつつある市場構造に適合した方式であって、真の競争状態が到来しプライスキャップ規制が不要になるまでの間の過渡的な性格の強い方式であると認識されている。

プライスキャップ方式は、米国での電話料金や英国での電気・ガス料金において、規制緩和の一環として導入されて既に二十年余りの実績を有している。また、日本でも二〇〇〇年にＮＴＴの電話料金に導入されて十数年の実績がある。電気料金に関しては、第一次・第二次の制度改革において導入が検討されたものの、主として「電力の安定供給のための設備投資資金の確保に不安を残す」との理由から導入が見送られた経緯があるが、電力自由化が進めば進むほどプライスキャップ制を適用することは検討に値する。

一八九八年のスミス対エームズ事件に対する判決以来約百年以上にもわたる歴史を持つ総括原価方式は、先行的な設備投資や安定供給を保証する点で、一つの合理的な方式ではある。しかし、その合理性は、一八八二年に初めてニューヨークに建設されて以後、発電所を急速に建設し、普及させていく時代、かつ、発電設備が「規模の経済」を持っていた時代における合理性であった。発電設備がひととおり普及し、かつ、分散的な発電技術が急速に開発されて発電設備の「規模の経済」が崩れた現在、総括原価方式に代わる新たな料金算定方式が模索されるのは必然と言える。

3　発送電分離は必要か

(1)　電力会社による負荷追随運転と託送料金

日本の電気事業では電力自由化が徐々に進展してきたものの、第三次制度改革においても電力会社が一般電気事業者として存続すること自体には変更を加えられていない。それは、二〇〇二年に制定されたエネルギー政策基本法で定められている「電力自由化の基本方針」に因るところが大きい。

エネルギー政策基本法では、「エネルギーの安定供給の確保」と「環境への適合」をエネルギー政策の基本とし、エネルギー市場の自由化は、これらの政策を十分に考慮しつつ進める、とされている。この方向性をふまえて、電力の制度改革は、性急な改革が経済活動に不可欠な電力の供給に悪影響を及ぼすことのないよう、電気の商品特性とわが国の固有の事情に考慮し段階的に進められることが重要とされた。ここで「電気の商品特性」とは、電気という財の瞬間消費性という特性、及び、そのために電力ネットワーク全体で常に需給を一致させること（同時同量）が必要であるという特性であり、また、「わが国の固有の事情」とは、①低いエネルギー自給率、②急峻な需要変動（夏期の冷房需要により、特に平日朝の需要の立ち上がりの変動が急峻であること）、③地勢的条件による設備形成の厳しさ（設備の立地条件が限定される一方、需要が特定の地域に集中しているため、大規模な遠隔立地の電源から大容量の電力を送電せざるを得ないこと）とされている。

その結果、今後の電力供給システムにおいても、川上から川下まで一貫した体制で確実に電力の供給を行なう責任ある事業者として一般電気事業者が存続することを基軸としたうえで制度設計がなされることとなった。そのため、負荷追随運転は電力会社によってなされ、ＰＰＳが電力会社に託送料金を支払う制度となっているのである。

⑵　ＰＰＳに課されるインバランス料金

電力ネットワーク全体で常に需給を一致させるためには、ＰＰＳも原則として需要と供給の同時同量を達成したほうが好ましい。ところが、ＰＰＳが時々刻々の負荷変動に追随した運転を行なうことは技術的に難しいため、従来と同じく、それをネットワークを管理する電力会社が需要家全体の需要量の変化を見きわめつつ行なうのが合理的であり、ＰＰＳは「緩やかな同時同量原則」を満たせばよいとされた。

ＰＰＳの満たすべき「緩やかな同時同量原則」とは、一定の単位時間の範囲内で、需要家と契約した供給量をネットワークに提供すれば発電量と需要量は一致した（「同時同量」を達成した）と見なすというものである。具体的には、ＰＰＳは三〇分間を単位として同時同量を達成すればよいとされた（図1―8）。

他方、電力会社は、ＰＰＳと同様の「三〇分同時同量」では系統の安定が保てないため、当日の一分毎（東京電力の場合）の予想需要曲線を作成して、より精密な負荷追随を実施している。

ＰＰＳが三〇分間を単位として同時同量を達成できない場合の「三〇分単位の不足電力量」を「インバランス」〈不均衡〉という。インバランスに対しては電力会社が不足分を補給するため、ＰＰＳは電力会社にインバランス料金を支払わなければならない。

第二次制度改革においては、インバランス料金は、三％以内の不足電力については負荷変動対応電力料金を、三％を超える場合には契約超過金をそれぞれ支払うこと、また、事故時や事故にかかわらず二時間を超えて三％を超過する不足電力が生じる場合には、事故時補給電力料金が適用されることとされていた。

第三次制度改革では、インバランス料金が改定され、不足電力量が契約電力量に占める割合に応じて、次の三種類の料金が設定された（図1―9）。

①標準変動範囲内電力料金……不足電力量が契約電力量の三％以内の場合に適用される従量料金（量に応じた料金）。

②選択変動範囲内電力料金……三％から三％～一〇％の範囲で契約者が選択した割合までに適用され、基本料金と従量料金から成る。

図 1-8　30 分同時同量イメージ

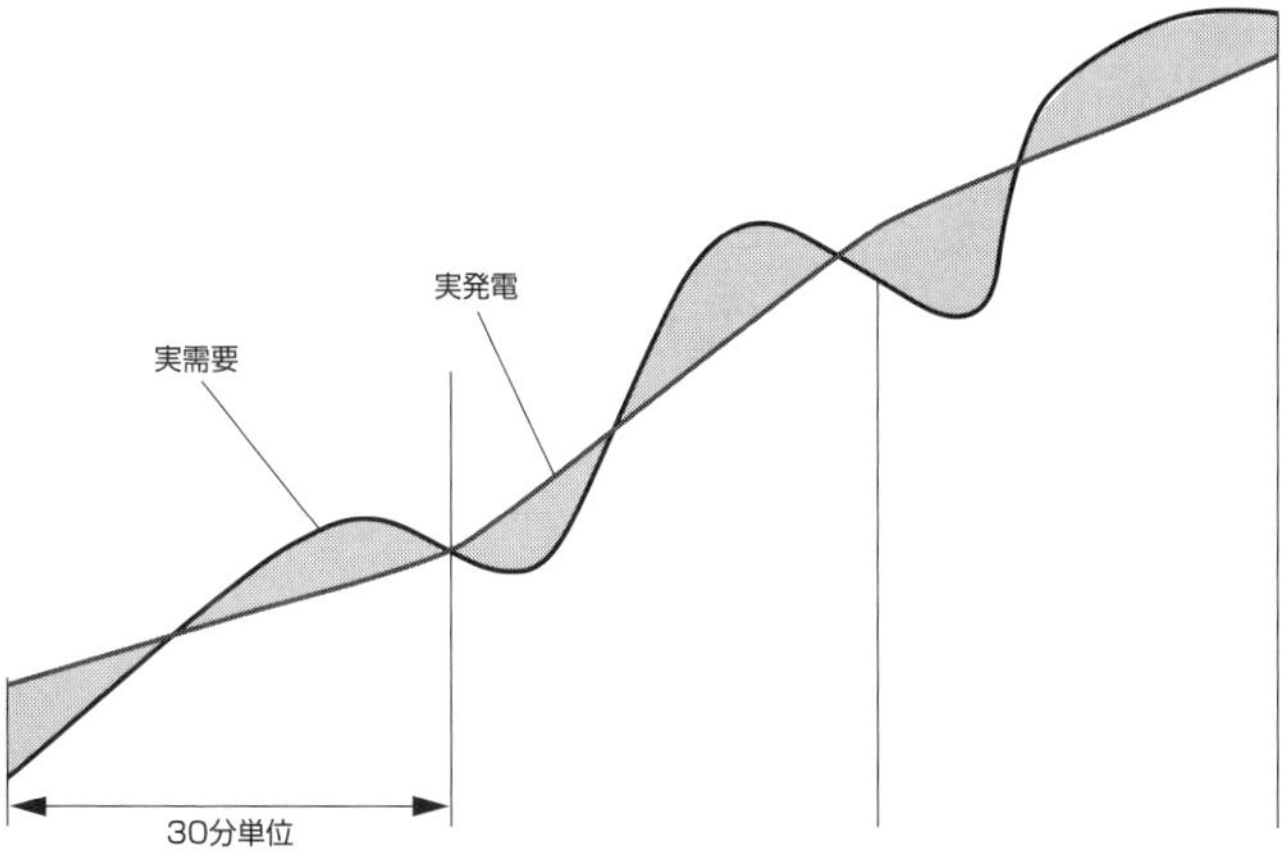

出典：『電気事業講座６　電気料金』166 頁

③変動範囲超過電力料金……三％、又は、契約者が選択変動範囲電力を契約している場合は選択した割合を超えた割合に適用される従量料金。

たとえば、契約者が六％までを選択変動範囲として契約している場合には、三％以内に①標準変動範囲内電力料金、三％〜六％に②選択変動範囲内電力料金、六％以上に③変動範囲超過電力料金の料金がそれぞれ適用されることになる。

他方、過剰電力量については、三％以内、又は、選択変動範囲を契約している場合は選択した割合までは電力会社がＰＰＳから買い取るものの、三％、又は、選択変動範囲を契約している場合は選択した割合を超える分については電力会社が無償で引き取ることとされた。

ただし、選択変動範囲内電力料金は二〇〇八年の電気事業分科会答申[13]に基づいて廃止され、現在では、①変動範囲内電力料金と③変動範囲超過電力料金の二本立てとなっている（詳しくは後述）。

(3)　自由化の進展を阻む託送料金とインバランス料金

図1―4、1―5に見るように、電力自由化に伴い、PPSの販売電力量は次第に伸びてきた。しかし、三次の制度改革を通じて全国の年間販売電力量の約六割強が自由化されているにもかかわらず、PPSの自由化電力量に占める割合は二〇一一年七月現在、三％程度に過ぎず、かつ近年伸び悩む傾向がみられる。それは何故か。

二〇〇七年五月、全面自由化に移行するか否かが最大のテーマであった第二五回総合資源エネルギー調査会電気事業分科会において、PPSの最大手、㈱エネットの武井務社長（当時）は、制度上の課題として、①託送料金、②インバランス制度、③中立機関、④卸電力取引所、⑤電気事業者の環境性評価[14]の五点を挙げている。

武井氏によってPPSの進展を阻んでいる要因として特に強調された①託送料金及び②インバランス制度についての報告要旨は次のようである。

①託送料金

特別高圧（特高）と高圧の料金構造を比較した場合、高圧の託送料金がきわめて高いために競争可能部分（小売料金マイナス託送料金）が、高圧では特高よりも小さくなっている（図1―10）。この点が、高圧へのPPSの参入を困難にしている。

図1-9　インバランス制度の変更

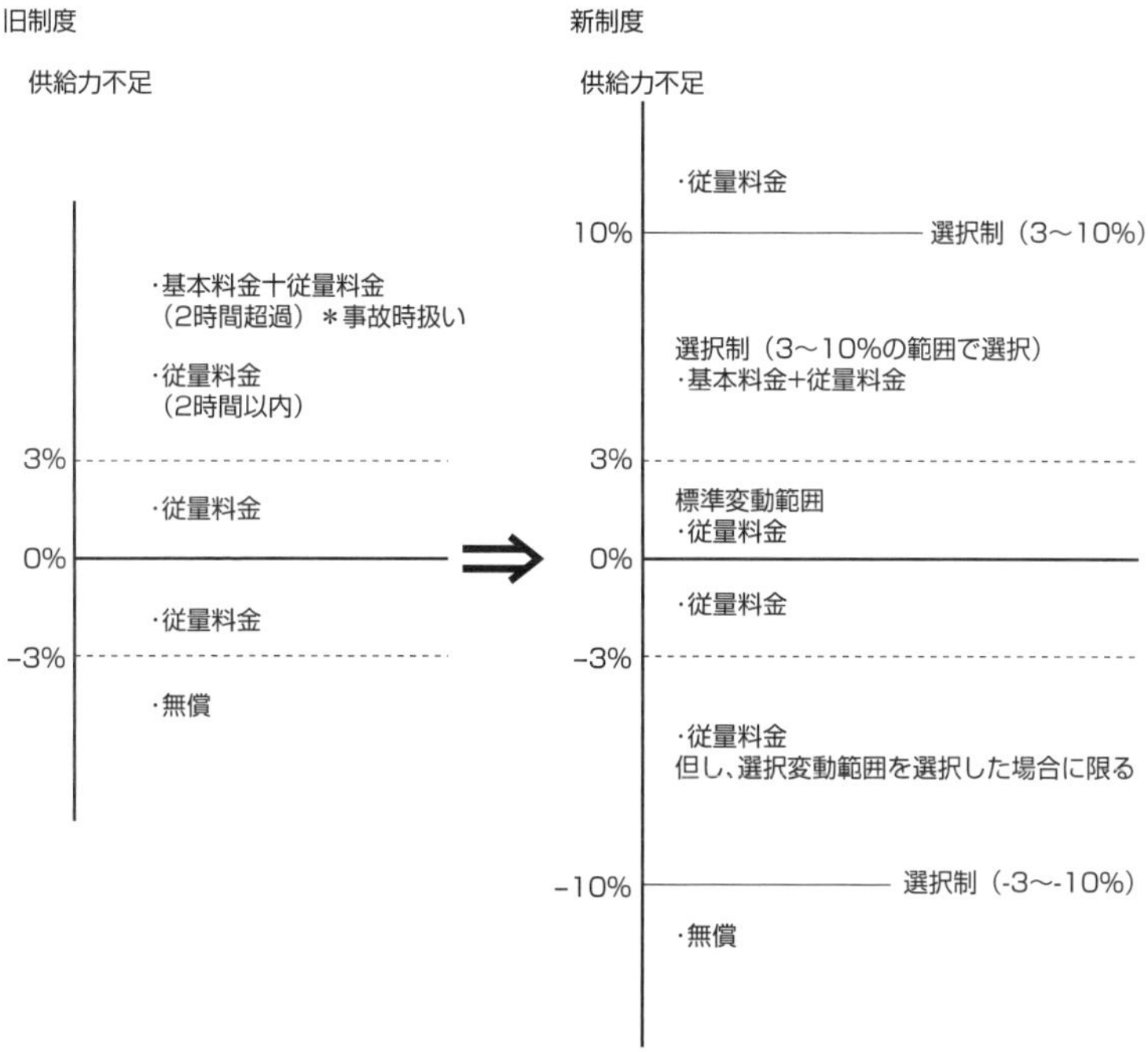

注1.『電気事業講座1　電気事業の経営』48頁図をもとに加筆して作成。
注2. 選択変動範囲は2008年9月から廃止されている。

送配電部門収支においては、二〇〇五年度に電力一〇社合計で二〇〇〇億円を超える超過利潤が発生しており、託送料金の算定について透明性に懸念があるとともに、超過利潤の一部が内部補助に回ることにより発電部門における公平な競争を歪めているのではないかとの疑義を生じさせている。

②インバランス制度

インバランス料金は、第三次制度改革で改善されたものの、従量料金の料金設定が非常に高額であり、PPSにとって厳しい水準となっている（図1—11）。

また、PPSが高いインバランスリスクを負うのに対し、電力会社は通常の系統運用においても同時同量を達成しているため、PPSの電気が加わることによる追加的なコストは大きくない。

これに対して、勝俣恒久東京電力社長（当時）は、武井氏に先立つ報告において、託送料金については、「経済産業省令で定められた算定ルールに従って算定しており、かつ、会計分離の制度化も行なわれた。また、料金も着実に低下している」と、またインバランス制度については、「三%以内であれば、極めてリーズナブルな全電源の平均単価水準である。変動範囲外のインバランス料金が高いとの指摘があるが、この制度は万一の電源トラブルをバックアップする保険のようなもので、実際にトラブルが生じなければ料金を申し受けないということは、電力会社としては、PPS向けに保険を用意しているにもかかわらず、掛け金をいただいていないようなものといえる」と述べている。

図1-10　特高と高圧の料金構造の比較

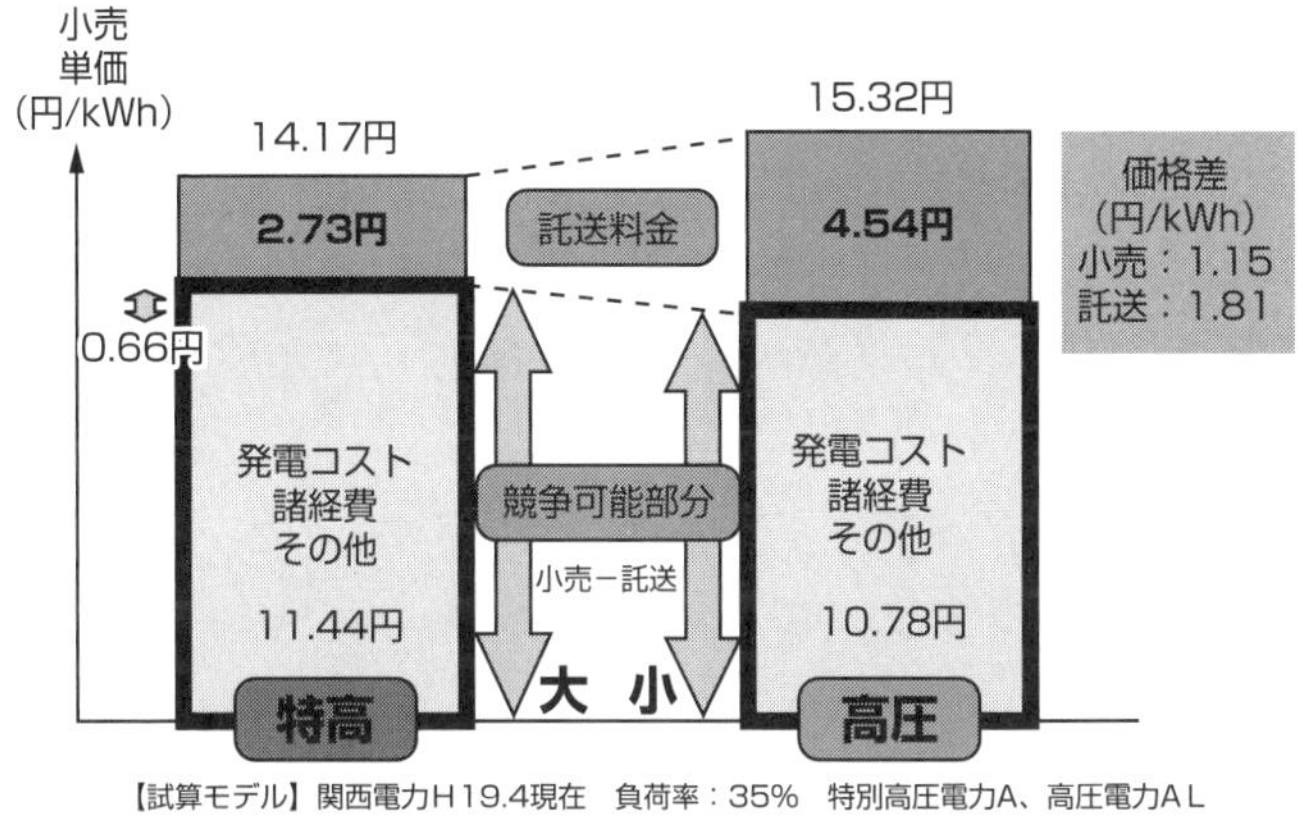

【試算モデル】関西電力H19.4現在　負荷率：35%　特別高圧電力A、高圧電力AL

出典：第25回電気事業分科会（2007年5月18日）配布資料

図1-11　接続インバランス料金

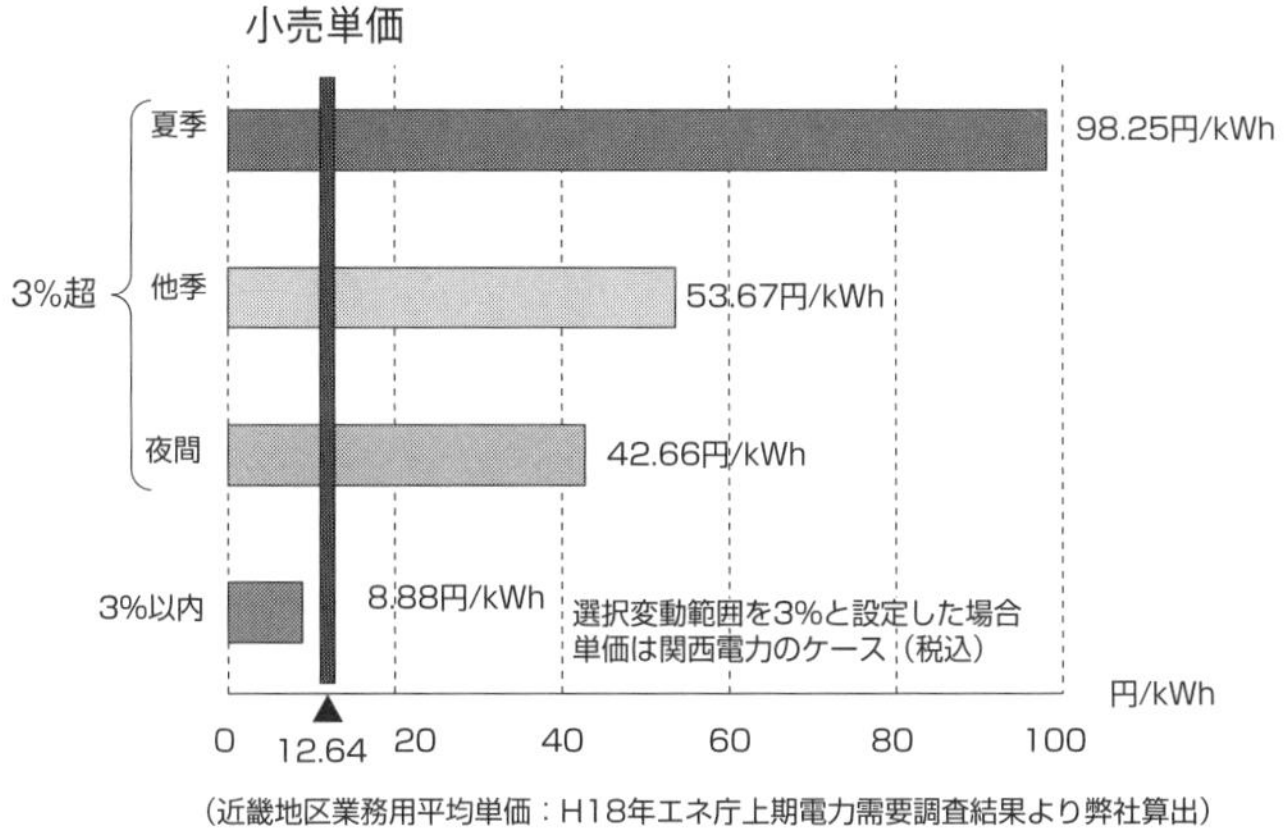

(近畿地区業務用平均単価：H18年エネ庁上期電力需要調査結果より弊社算出)

出典：第25回電気事業分科会（2007年5月18日）配布資料

以上のやり取りについて、次のことが指摘できる。

まず、託送料金については、一〇電力会社の送電部門で二〇二七億円もの超過利潤が生じていることから判断して、託送料金が高すぎたと言わざるを得ない。これに対して、東京電力は、「ルールに従って算定している」と言うだけで、数字に基づく反論は全くなされていない。

インバランス料金については、三%以内の変動範囲内料金は全電源の平均単価水準でリーズナブルといえるものの、変動範囲外のインバランス料金は、あまりにも高すぎる。電気事業分科会においても、二〇〇七年当時の夏季の三%を超えるインバランス料金（キロワット時当たり九八円）について、「これを競争相手の企業に課すことはやってはならない禁止料金であり、独占禁止法上からも問題がある」と指摘されている(15)。

武井氏の説明からわかるように、PPSの普及を妨げているのは、主として託送料金とインバランス料金である。託送料金・インバランス料金は、電力会社が定める託送約款で決められる。託送約款は認可制でなく、経済産業大臣に届け出ればよいだけの届出制である。経済産業大臣が変更命令を発動することはできる「変更命令付き届出制」ではあるものの、いまだに変更命令が出されたことはない。そして、PPSは託送約款を承諾しなければ発電した電力を送電できない。

電力会社が決める料金を承認しなければPPSが電力を送電できないという制度の下で、電力会社とPPSの間で公平な競争が行なわれるはずはない。

しかし、二〇〇七～二〇〇八年の電気事業分科会においては、結局、「既に自由化されている部門での自由化が十分に進んでいないまま全面自由化を行なうよりも現行制度を改善して自由化やイコールフッティング（競争を行なう際の諸条件を平等にすること）のための制度を整えてＰＰＳを育てることが先決」という結論になり、全面自由化も発送電分離も見送られることになった。

このような結論に至った大きな要因は、エネルギー政策基本法で定められている「電力自由化の基本方針」、すなわち、発送電一貫体制を維持したうえで、独占を制御するための規制・仕組みを強化して「日本型モデルの発展」を追求するという方針が検討の前提とされていたことにある。[16]

(4)　欧州における電力自由化と発送電分離

欧州では電力自由化が進み、風力や太陽光などの再生可能エネルギーも日本よりもはるかに普及している。では、欧州では、電力自由化を如何に進めたのか。日本とどのように異なるのか。

欧州連合（ＥＵ）では、一九九六年ＥＵ電力指令及び二〇〇三年改正ＥＵ電力指令の二度の指令によって加盟国に電力自由化を義務づけた。

小売自由化については、ＥＵ電力指令で「二〇〇三年までに国内市場の少なくとも三二％の自由化」を、改正ＥＵ電力指令で「二〇〇四年七月までの家庭用を除く需要家（約六〇％）の自由化及び二〇〇七年七月までの全面自由化」を義務づけた。

発送電分離については、ＥＵ電力指令で「発送配電部門の機能分離及び会計分離」、改正ＥＵ電力指令で「発送配電部門の機能分離及び法的分離」を義務づけた。[17]

二度にわたる指令を受けて、ドイツ、フランス、イタリアは、それぞれ次のような発送電分離を行なった。

【ドイツ】

ドイツでは、電気事業者が一〇〇〇社近く存在しているが、主な企業形態は二種類で、一つは発電から送電、配電、小売までを営む垂直統合型の大手私営電力会社、もう一つは自治体の行政区を供給区域として、主として配電と小売を営む公営電気事業者であった。

しかし、自由化以降、大手電力会社の合併が進んで八社から四社になり、さらに、その後、発送電分離により、四社は発電、送電、配電、小売の事業別に別会社化され、四大グループに移行した。二〇〇五年現在、四大グループが総発電設備の約八割を所有し、総発電電力量の約九割を発電している。

系統運用、需給調整を行なうのは送電事業者であり、系統運用の技術規則は、送電事業者の加盟するドイツ系統運用者協会(VDN)が取りまとめている。独立した規制機関を設けず、系統運用者の自主的な調整で運用規則を決めているので「自己規制方式」と呼ばれている。

小売事業者は、自社で契約する発電電力量と契約需要家の消費電力量にギャップが生じた場合、需給ギャップの調整を行なう系統運用者に対して需給調整料金を支払わなければならない。

【フランス】

一九四六年までの電気事業は許可を受けた私企業が中心であったが、第二次大戦後、経済の急速な再建の必要性から、基幹産業の国有化が進められ、電気事業においても、フランス電力公社（ＥＤＦ）が設立され、国有化された。

ＥＤＦは垂直統合型事業者として国内の発送配電事業を独占的に行なってきたが、二〇〇〇年以降、自由化が進み、ＥＤＦの送電部門、配電部門はそれぞれ子会社化されてＲＴＥ、ＥＲＤＦとなった。ＲＴＥは、国内の送電系統の運用・維持・管理、需給調整のほか、国際連系系統の管理も行なっている。

ＲＴＥはＥＤＦの一部門であるが、中立性を確保すべく、ＲＴＥ責任者の任命権の制限、会計分離等が法に基づいて行なわれているほか、電力規制委員会（ＣＲＥ）が会計分離を監視することとされている。

【イタリア】

一九六二年の電力国有化法により設立されたイタリア電力公社（ＥＮＥＬ）が発電・送電・配電を一貫して行なう垂直統合型の電気事業をほぼ独占的に営んできたが、一九九六年ＥＵ電力指令を実施するために一九九九年に制定された政令により、如何なる事業者も市場占有率五〇％を超えられなくなり、ＥＮＥＬは三つの小会社に分割され、入札を通じて売却された。

送電事業は、設備の所有権は従来の所有者であるＥＮＥＬ等が引き続き保有する一方、系統運用を一元的に行なう事業者として政府が株式を一〇〇％所有する全国送電系統運用会社（ＧＲＴＮ）が設立された。しかし、二〇〇三年に発生した大停電をきっかけとした系統運用体制の見直しにより、ＥＮＥＬが送電設備の所有・管理を行なう子会社として設立したＴＥＲＮＡがＧＲＴＮを吸収・合併し、ＴＥＲＮＡが系統運用を行なっている。

以上のように、欧州では国によって様々な方法がとられているものの、いずれにせよ発送電分離がすすみ、各発電事業者が自らの需要に対して負荷追随することを前提としたうえで、送電事業者が系統運用・需給調整を行なうことになっている。(18)

(5) 託送料金・インバランス料金は改善されたか

(5)―1 「在り方」及び「詳細設計」による改善策

前述のように、二〇〇七～二〇〇八年の電気事業分科会においては、「全面自由化を行なうよりも現行制度を改善するのが先決」、「発送電一貫体制を維持したうえで独占を制御するための規制・仕組みを強化する」とされて全面自由化が見送られた。

では、独占を制御する規制・仕組みは、その後いかに改善されたのであろうか。

改善策は、電気事業分科会「今後の望ましい電気事業制度の在り方について」(二〇〇八年三月、以下「在り方」という)が基本答申として改善の基本方針を定めたうえで、電気事業分科会答申「今後の望ましい電気事業制度の詳細設計について」(二〇〇八年七月、以下「詳細設計」という)で詳細設計がなされた。

【託送料金の改善策】

託送料金について、「在り方」は次の二点を指摘した。

①変更命令発動基準の見直し

現行の変更命令発動基準は、送配電部門収支において二年連続で超過利潤又は欠損が生じた場合に、原則として、変更命令の対象となるとしている。しかし、この基準では、一年目に多額の超過利潤が生じても二年目に少額の欠損が生じれば変更命令の対象とならず、他方、二年連続でわずかな超過利潤が生じれば対象となる。これは不合理であり、毎期の超過利潤又は欠損の累積額に基づく発動基準を導入する必要がある。

②超過利潤の使途明確化

送配電部門において生じた超過利潤の使途について、電力会社に説明責任は課せられているが、説明内容は電力会社の自主的判断に委ねられている。しかし、相当程度の超過利潤が発生しており、電力会社の説明に対してＰＰＳの納得感は必ずしも高くない。

そのため、超過利潤の使途をより明確化すべく、超過利潤累積額は設備投資原資として内部留保を一定程度認めつつも、その一部を利用者（ＰＰＳ）に還元していく制度を導入することが適当である。

留保を認められた超過利潤累積額は無利息の設備投資資金と考えられることから、当該累積額相当額については、次期の本格料金改定時に送配電部門のレートベースから控除することが適当である。

以上の指摘を受けて、「詳細設計」は、次のような具体的改善策を講じた。

①新たな変更命令発動基準の詳細設計

電力会社の超過利潤の平均は事業報酬相当額の約三分の一であり、超過利潤累積額が事業報酬を超えるのに要する年数は過去の料金改定の実績（平均三年に一回）と比べて大きな乖離がないことから、事業報酬相当額を超過利潤累積額の上限として設定することが妥当である。

②超過利潤の使途明確化に関するルールの詳細設計

具体的には、事業報酬相当額以下を設備投資原資として内部留保を許容し、原則として、これを超過した事業年度における超過額を利用者への還元対象額とすべきである。

【インバランス料金の改善策】

インバランス料金について、「在り方」は次のように指摘した。

インバランス料金を、同時同量のために要するコストを抽出した上で、一般電気事業者とPPSとがこれを公平に負担する形に改めることが適当である。

具体的には、運転予備力に相当する固定費及び燃料代等の可変費を、一般電気事業者・PPSが各々公平に負担する仕組みに改めることが適当であり、具体的な算出方法については詳細制度設計の中で検討すべきである。

変動範囲外インバランス料金については、変動範囲内インバランス料金のX倍として設定することが適当である。その具体的な設定方法等については、ＰＰＳや発電事業者にとって参入阻害的なものとならない価格であること、ＰＰＳの同時同量達成にあたってモラルハザードとならない価格であることが求められるといった視点を考慮して、卸電力取引所のスポット価格の水準に留意しつつ、詳細制度設計の中で検討を行なうことが適当である。

不可避的に発生する変動範囲内インバランスについては季時別に展開せず、変動範囲外インバランスについては需給の逼迫等を勘案し、季時別に展開することが適当である。また、ＰＰＳの事業遂行上のインバランス料金の重要性にかんがみ、インバランス料金の算定方法変更に伴って、ＰＰＳの負担が現状より重くならないことが重要である。なお、余剰電力の買い取りについて、託送に伴う余剰電力は同時同量を達成する上でいわば不可避的に発生することを踏まえ、余剰電力の買取料金が一般電気事業者により適切に設定されることを期待する。

「在り方」の指摘を受けて、「詳細設計」は、次のような具体的改善策を講じた。

①変動範囲内インバランス料金の算定方法

変動範囲内インバランス料金は、系統エリアごとに、一般電気事業者の全電源のうちインバランス調整に充てられるとみなしうる発電容量に相当する費用をインバランス調整費用と仮定し、これを一般電気事業者とＰＰＳの全インバランス量と想定する量で除することにより算出することが適当である。

可変費については、発送電一貫体制の下では限界的なインバランス調整費用を算出することは困難であることから、全電源の可変費平均を用いることとする。

固定費については、運転予備力に相当する発電容量に対応する費用をインバランスの調整に要する費用と仮定し、一般電気事業者の送配電部門が当日の最大需要に対して三％から五％程度の運転予備力の確保が求められていることを踏まえ、全電源固定費の四％とする。

②変動範囲外インバランス料金の算定方法

基本答申において、変動範囲外インバランス料金は、変動範囲内インバランス料金のX倍として設定することとされた。また、Xの値の設定にあたっては、①卸電力取引所のスポット価格の水準、②PPSの同時同量達成にあたってモラルハザードとならないこと、③PPSや発電事業者にとって参入阻害的な価格とならないこと、に留意して行なうこととされた。

まず、スポット価格との関係について、変動範囲外インバランス料金は、スポット市場におけるPPSの買い札価格の上限として機能することから、当該料金が低すぎると適正な価格形成に支障を来すおそれがある。過去のスポット市場における約定価格の実績から推測すると、Xを三以上とした場合、こうした懸念は生じないと考えられる。

また、変動範囲外インバランス料金が他者からの調達単価より低くなると、自社で同時同量を達成する意欲を減殺するおそれがあるが、当該料金がスポット価格よりも、通常、相当程度高ければ問題とはならない。上述のとおり、Xを三以上とすればスポット価格との関係で適切な水準が保たれることから、モラルハザードが生じるおそれは極めて小さい。

次に、ＰＰＳ及び発電事業者にとっての参入阻害の懸念について、電源脱落時等に変動範囲外インバランス料金が課されるリスクの観点から言えば、Ｘは前述の要件を満たす中で最も低い料金となる値であることが望ましい。また、発電事業者においては、変動範囲外インバランス料金が発電事業者の電源の卸価格を下回ると、卸電力市場への参入阻害につながるが、これについても前述のとおり、変動範囲外インバランス料金がスポット価格よりも相当程度高ければその懸念は生じない。

以上を踏まえれば、Ｘの値は三とすることが適当である。

③選択変動範囲内インバランス料金の扱い

選択変動範囲内インバランス料金は、第三次電気事業制度改革の際に、三〇分同時同量制度における変動範囲の弾力化を目的として、契約電力の一〇％を上限として任意で変動範囲を拡大可能な制度として設けられた。

しかし、変動範囲内外の料金格差が縮小することにより、実効性のある選択変動範囲内インバランス料金の設計が困難となる（基本料金負担が大きくなり、実効単価が変動範囲外インバランス料金より高くなる可能性が高まる）ことから、当該料金は廃止することが適当である。

(5)—2　託送料金・インバランス料金の推移

東京電力の定める託送料金・インバランス料金は、表１—２のように推移している。二〇〇八年九月から料金が大幅に引き下げられた（インバランスの余剰分を電力会社が買い取る料金は引き上げられた）のは、「詳細設計」を受けてのことである。「在り方」及び「詳細設計」により一定の改善がなされたことは、この表からも窺える。

(5)―3　枠組み自体を問わない弥縫策

「在り方」及び「詳細設計」による改善策は、一定の成果をあげているものの、大きな枠組み自体を問うような策ではない。以下、託送料金及びインバランス料金のそれぞれについて吟味していこう。

【託送料金】

「在り方」は、累積額に基づく発動基準の必要性を指摘し、「詳細設計」は、「事業報酬を発動基準として、事業報酬相当額以下を設備投資原資として内部留保とすることを許容し、それを超過した事業年度における超過額をＰＰＳへの還元対象額とすべき」とした。

しかし、このような配分法に基づけば、ＰＰＳへの還元額が合理的な根拠に基づかないことになる。

託送制度が設けられた第二次制度改革以来、ＰＰＳのみならず電力会社も発電部門と送電部門の会計分離をしたうえで、発電部門が送電部門に託送料金を支払っている。したがって、託送料金に生じた超過利潤は、電力会社とＰＰＳのそれぞれの送電量に応じて還元されるのが合理的で

表 1-2　東京電力の託送料金及びインバランス料金の推移

期間		託送料金							
		特別高圧				高圧			
		基本	従量	時間帯別		基本	従量	時間帯別	
				平日昼間	夜間休日			平日昼間	夜間休日
から	まで	[円 /kWh]	[円 /kWh]	[円 /kWh]	[円 /kWh]	[円 /kWh]	[円 /kWh]	[円 /kWh]	[円 /kWh]
2007 年 4 月	2008 年 8 月	420.00	1.52	1.64	1.36	603.75	2.75	3.03	2.39
2008 年 9 月	2009 年 4 月	393.75	1.34	1.46	1.20	577.50	2.47	2.73	2.13
2009 年 5 月	2011 年 4 月	393.75	1.34	1.46	1.20	577.50	2.47	2.73	2.13
2011 年 5 月	現在	393.75	1.33	1.45	1.19	577.50	2.45	2.71	2.11
期間		インバランス料金							
		不足				余剰			
		3% 超過			3% 以内	3% 以内			3% 超過
		夏期 平日昼間	他期 平日昼間	夜間休日		夏期 平日昼間	他期 平日昼間	夜間休日	
から	まで	[円 /kWh]	[円 /kWh]	[円 /kWh]	[円 /kWh]	[円 /kWh]	[円 /kWh]	[円 /kWh]	[円 /kWh]
2007 年 4 月	2008 年 3 月	75.37	49.95	38.96	9.34	5.78	5.20	2.57	0.00
2008 年 4 月	2008 年 8 月	75.37	49.95	38.96	9.34	6.30	5.67	2.63	0.00
2008 年 9 月	2009 年 3 月	40.69	35.50	32.42	11.66	6.30	5.67	2.63	0.00
2009 年 4 月		40.69	35.50	32.42	11.66	7.25	6.41	2.63	0.00
2009 年 5 月	現在	40.69	35.50	32.42	11.66	7.83	7.83	7.83	0.00

注：東京電力ホームページ資料より作成

ある。

ところが、「詳細設計」の定めた制度によれば、超過利潤の累積額が事業報酬を超えた事業年度における超過額がＰＰＳに還元される。例えば、事業報酬が一〇〇億円で、超過利潤の累積額が三年目に一〇〇億一〇〇〇万円になった場合、一〇〇〇万円だけがＰＰＳへの還元に回り、一二〇億円になった場合には、二〇億円がＰＰＳに還元されることになる。本来なら、合理的な根拠に基づいて一定割合をＰＰＳに還元すべきであるのに、これでは、還元額があまりにも偶然に左右されることになる。また、還元時を決める基準として何故事業報酬を採用したかも全く根拠不明である。

超過利潤の還元の問題よりもはるかに重要な枠組み自体の問題として、そもそも、託送料金の算定が適切かという問題がある。

託送料金は、経済産業省令「接続供給約款料金算定規則」にもとづいて、まず①電気事業全体の総括原価を算定し、次に、②総括原価のなかから送電関連費をきめ細かく抽出し、さらに、③送電関連費のうち、特定規模需要（自由化部門の需要）で負担すべき部分を特定する、という手順で算定される。

①〜③の手順は形としては合理的であるものの、具体的には、アンシラリーサービス（瞬時瞬時の電圧・周波数の調整）費用、電源開発促進税、さらに原子力のバックエンド費用などの、託送料金に算入することに合理性の乏しい費用が含まれている。

アンシラリーサービス費用は、「実際に周波数制御機能を担う水力及び火力の発電所についての固定費から出力調整幅相当（最大需要の五％相当）のコストを特定した上で算定している」とされる。しかし、他方で、「詳細設計」が述べているように、インバランス料金には「全電源固定費の四％」が含まれている。アンシラリーサービスは電圧・周波数を維持すべく瞬時瞬時に需給を一致させるサービスで、同時にインバランス是正機能をも持つことに鑑みれば、「火力・水力の固定費の四％」が二重取りになっていることになる。そのうえ、電源の固定費は減価償却費として電力会社の電気料金に含まれていることをも考慮すれば、三重取りにあたることになる。[19]

電源開発促進税は、発電施設の設置促進、運転の円滑化、利用促進、安全確保、及び電気の供給の円滑化を図るために電力会社の販売電気に課される税金で、電力会社の電気料金に含まれ、電力会社の需要家が負担している。電源開発促進税法は、オイルショック直後の一九七四年に、石油に代わり原発などを促進する目的で制定されたもので、電源開発促進対策特別会計は、電源立地勘定と電源利用勘定とにほぼ半々に分かれ、電源立地勘定からは電源三法交付金が交付され、電源利用勘定からも高速増殖炉の開発などの原子力の研究開発にその多くが支出されている。

にもかかわらず、電力会社は「電力の安定供給のため」という理由で接続供給約款料金算定規則に基づき電源開発促進税相当分をＰＰＳにも負担させている。

原発のバックエンド費用は、本来、原発を持つ電力会社の発電部門に含められるべきコストであるが、自由化以降の発電分についてはそうするものの、バックエンド費用を見込まなかった自由化以前の既発電分について、「自由化で離脱する需要家からも回収する」という理由から、回収の便法として託送料金に含めるとされた[20]。回収の手法としては、過去にバックエンド費用を見込まなかったために生じた電力会社の内部留保を取り崩すという手法もあったが、原発を持たないＰＰＳにも負担させる手法が選ばれたのである。

【インバランス料金】

インバランス料金については、「在り方」及び「詳細設計」のいずれにおいても、そもそも何故三％を変動範囲の基準とするかは全く問われていない。

三％基準は、国際的に見ればＰＰＳにきわめて厳しい基準である。米国、英国、ノルウェーでは変動範囲の設定はなく、設定がある国も、ドイツでは五％・一〇％・二〇％のいずれかから選択可能、フランスでは一〇％とされている[21]。

また、ドイツでは、変動範囲内では、プラス（余剰電力）量とマイナス（不足電力）量とを一週間累計した差し引きのプラスまたはマイナス量で決済する。つまり、吸込み価格（余剰分を購入する場合の価格）と吐出し価格（不足分を販売する場合の価格）とが同一である（図１―12）。それに対し、日本では、表１―２に見るように、三％以内の吸込み価格は三％以内の吐出し価格の三分の二程度に過ぎず、そのうえ、三％を超える余剰電力は東京電力に無償で引き取られている。

要するに、「在り方」及び「詳細設計」で示された改善策は、大きな枠組み自体を問うことなく、枠組みをそのままにして、その中の細かな欠陥を補正するだけの弥縫策にすぎない。

全面自由化については、二〇〇八年の検討以後、一定期間が経過した際（二〇一三年が想定さ

図1-12　ドイツのインバランス決済の枠組み

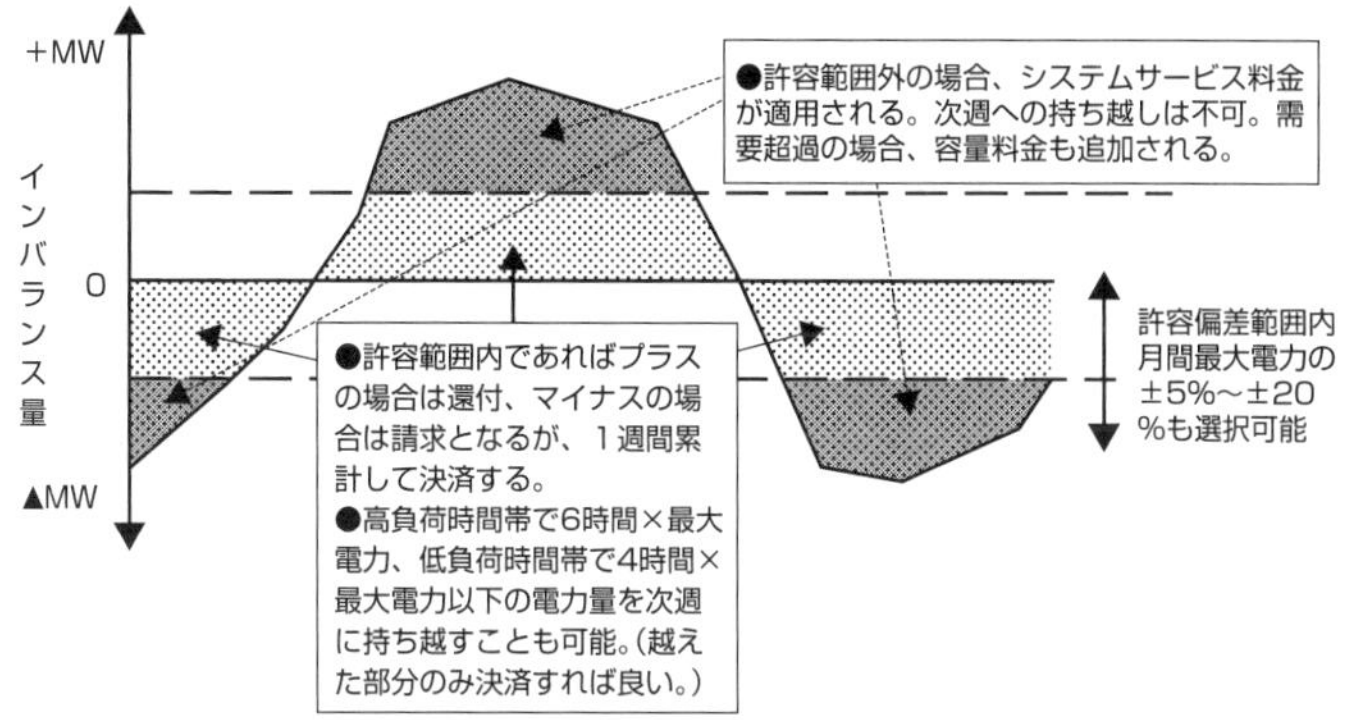
+MW
インバランス量
0
▲MW
●許容範囲外の場合、システムサービス料金が適用される。次週への持ち越しは不可。需要超過の場合、容量料金も追加される。
●許容範囲内であればプラスの場合は還付、マイナスの場合は請求となるが、1週間累計して決済する。
●高負荷時間帯で6時間×最大電力、低負荷時間帯で4時間×最大電力以下の電力量を次週に持ち越すことも可能。（越えた部分のみ決済すれば良い。）
許容偏差範囲内
月間最大電力の
±5%～±20
%も選択可能

出典：電気事業分科会第10回配布資料

れている）には、既自由化部門での状況について再度検証を行ない、その結果を踏まえて改めて検討すべきとされている。その際には、「日本型モデルの追求」というエネルギー政策基本法の基本方針の見直しを含め、枠組み全体の抜本的な見直しが行なわれる必要がある。

(6)　発送電分離は必要であり可能である

「日本型モデル」の追求は、風土に左右される農業や自然エネルギーでは重要であるものの、風土に左右されない工業やエネルギーではあまり意味がない。「わが国の固有の事情」として挙げられる「地勢的条件による設備形成の厳しさ」は、分散型電源を普及し、送電網の必要性を減らしていくことにより、また「急峻な需要変動」は、時差出勤や需給逼迫時に料金を高くする時間帯別料金制度の導入等により、いずれも対処可能であり、決して解決困難な問題ではない。容器包装リサイクルの制度づくりでは、「日本型モデルの追求」が事業者の費用負担を少なくするために用いられたが、(22)エネルギー政策でも電力会社の既得権擁護のために用いられている。そのため、前項でみたように、少なくとも現在までは、電力会社に都合のよい、不十分な独占規制策しか実現していない。

しかし、今後、不十分な独占規制策しか実現していないことに加え、再生可能エネルギーの普及の必要性が発送電分離や全面自由化の採用を迫ることになると思われる。

ＥＵでは、再生可能エネルギーを普及させるため、再生可能エネルギーの優先給電（電力需要の減少に伴い供給を減らす際に、再生可能エネルギーからの給電を優先し、先に従来電源から減らしていくこと）を義務づけているうえ、ドイツ・スペイン・デンマークでは優先接続（送電容量に制限がある状況下で複数の発電事業者から連系接続の申し込みがあった場合、再生可能エネルギーからの接続を優先すること）の制度をも設けている。(23)

このような再生可能エネルギー優先の系統運用は電力会社による系統運用の下では困難である。実際、現在の日本の制度では、１(4)で述べたように、優先給電は一般電気事業者の原発・水力を優先する「優先給電指令制度」によって行なわれており、欧州とは全く逆である。したがって、再生可能エネルギー普及のためには発送電分離が不可欠といえる。

発送電分離への反対意見として、「発電事業者間で価格競争が激しくなると長期的計画に基づく設備投資がおろそかになり、電力の安定供給が損なわれる」という意見がある。しかし、この問題は、発電事業者に一定水準以上の余裕設備の確保を義務づけたり、米国で行なわれているような予備力の枠を売買する「キャパシティ・クレジット」と呼ばれる制度を導入したりすれば、解決可能である(24)。

また、「欧州の電力会社は、もともと国営企業が多く、株主の権利調整が不要であったため、発電・送電・小売に分割することが容易だった」との意見もあるが、垂直統合型の大手私営電力会社を分割したドイツの事例から、それが発送電分離の障害にならないことは明らかである。

以上のように、発送電分離は、ＰＰＳを育てて発電事業者間の競争を促進するためにも、また再生可能エネルギーを普及させるためにも必要であり、かつ、欧州の経験から、それは可能である。

ただし、発送電を分離し、発電事業者間の競争を促進したからといって、それだけで再生可能エネルギー普及につながるわけではない。再生可能エネルギーは従来の電源よりもコスト高であり、したがって、電力自由化や発送電分離を進めるだけでは決して普及しない。再生可能エネルギー普及のためには、電力自由化や発送電分離とはまた別の制度を設ける必要がある。その制度については第４章で述べる。

また、電力自由化と再生可能エネルギー普及を進めれば電気料金が安くなるとの見解が見られるが、それは現実を踏まえない、願望に因る見解にすぎない。

図１―13にみるように、電力自由化と再生可能エネルギーの普及が進んだ欧州、とりわけドイツ・イタリアでは、二〇〇〇年以降、電気料金は急速に上昇してきた。他方で、日本の電気料金は横ばいであり、日本の電気料金が国際的にみて高いとの見方は成り立たなくなってきている。

図 1-13（1） 電気料金の推移の国際比較（産業用）

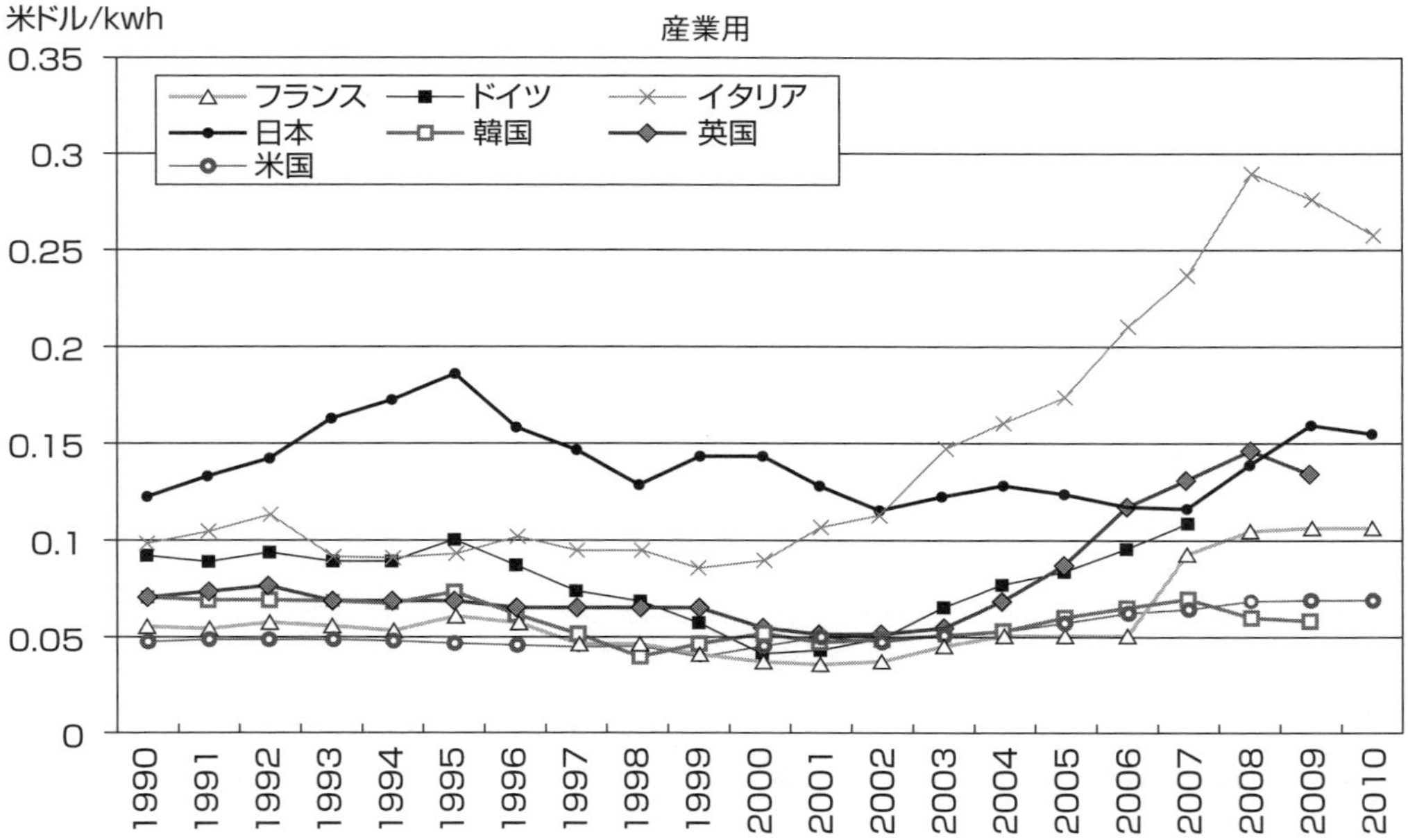

出典：OECE/IEA , Energy Prices and Taxes, Volume 1999-1/Volume 2005-1/Volume 2011-1

図1-13(2)　電気料金の推移の国際比較（家庭用）

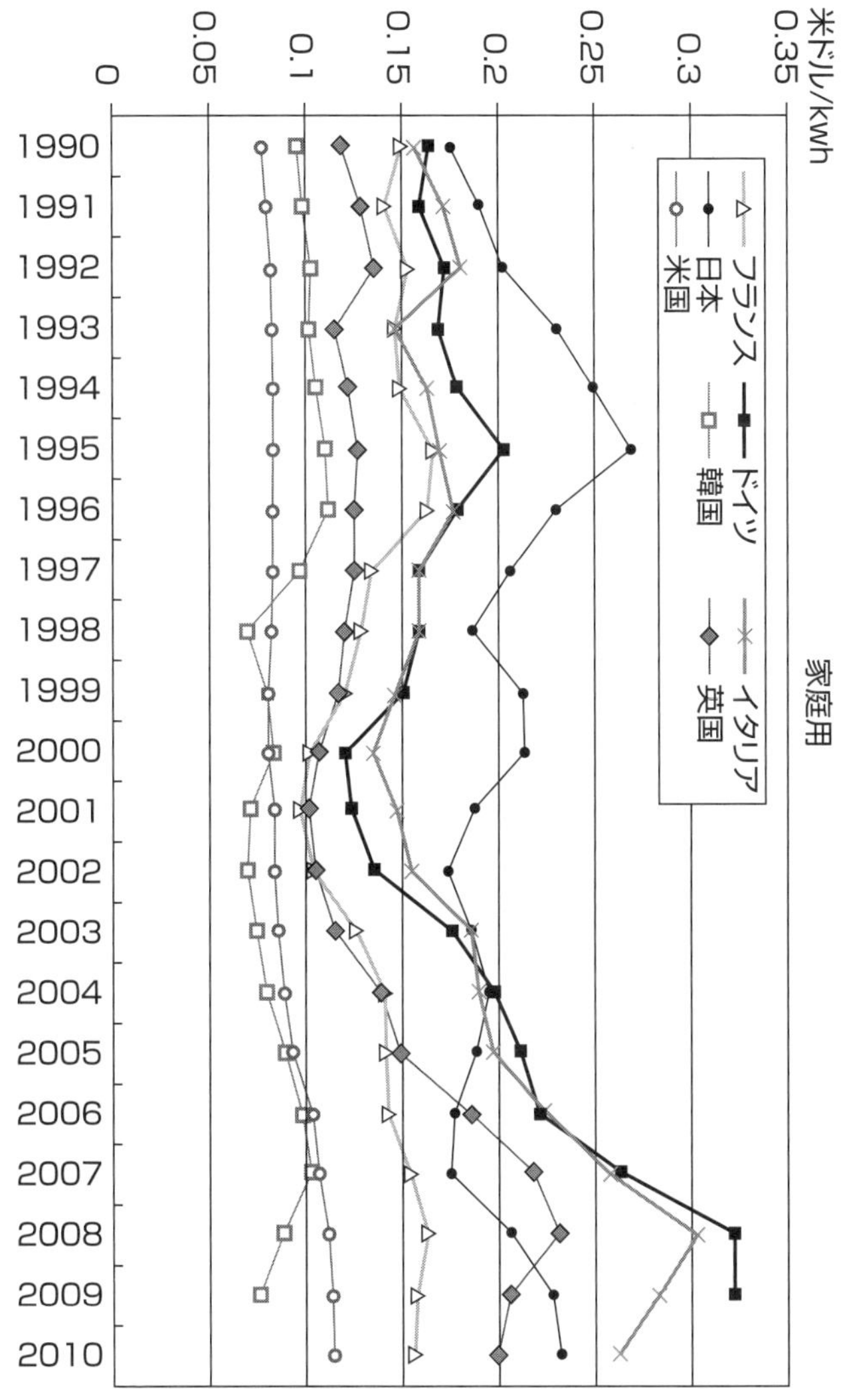

注：米国は課税前の価格

出典：OECE/IEA, Energy Prices and Taxes, Volume 1999-1/Volume 2005-1/Volume 2011-1

再生可能エネルギーを普及させるか否かは、少なくとも当面は、高価だが環境によく、かつ持続可能なエネルギーを国民が電気料金の値上げを認めて普及させるか否かという問題、また、値上げをどの程度まで認めてどの程度普及させるかという問題なのである。

第2章

「原発の電気が一番安い」は本当か

「原発の電気が一番安い」という話は、国や電力会社によって度々宣伝されてきており、多くの国民がそう信じている。

日本エネルギー経済研究所は二〇一一年六月十三日、すべての原発が停止して火力発電で電力需要を代替する場合、燃料コスト増により、二〇一二年度の一カ月あたりの標準家庭の電気料金が二〇一〇年度実績に比べ一〇四九円増加するとの試算をまとめた。同研究所は「産業の国際競争力への深刻な負の影響、経済成長への悪影響の可能性もある。原発の再稼働問題を真摯に検討することが喫緊の課題」と主張している。東京電力も「火力で代替することになるので電気料金を上げなければならない」と言っており、値上げやむなしと思っている国民も少なくない。

しかし、原発の電気は本当に一番安いのか。

1　発電費用のうちわけ

発電に要する費用は、発電所等の固定資産の減価償却費、固定資産税、一般管理費、燃料費などである。

(1)　減価償却費とは

固定資産（建物や機械など）は老朽化によって年々その価値は目減りしていく。たとえば、一億円の機械を買った時に、その会計年度に一億円の費用を計上するのでは固定資産の老朽化に伴う減価を反映させることができないうえ、その固定資産が老朽化した後に再取得するための費用を蓄えることもできない。

そこで、会計上、固定資産の取得価額をいったん資産として計上し、その後、固定資産の減価を費用として各利用年度に合理的かつ計画的に配分するようにしている。この手法を減価償却といい、各利用年度に割り当てられた償却額を減価償却費という。

こうして計上された減価償却費は、費用とはいうものの、投下した資本の回収にあたるから社外に流出することはなく、減価償却の対象となった固定資産が老朽化した後の再取得のために、社内に内部留保として蓄積される。

減価償却の主な方法には定額法と定率法がある。定額法とは、法定耐用年数にわたり、毎年均等に一定金額を償却する方法である。残存価額（償却後の固定資産の価額のことで、二〇〇七年の税制改正まで残存価額は取得価額の一〇％と決められていた）を一〇％とした場合、六〇億円の固定資産を定額法により十五年間で償却する場合の毎年の減価償却費は、六〇億円の九〇％＝五四億円を十五年で償却することになるから三・六億円となる。

定率法とは、法定耐用年数にわたり毎年一定の率で償却して、法定耐用年数後に残存価額にする方法である。

図２―１にみるように、償却額の総計（図では面積で表わされている）は定額法も定率法も同じである。しかし、定率法のほうが初期の償却額が大きく投下資本の早期回収を図ることができる

ため、一般には定率法が多く用いられている。電気料金に関しては、一九八〇年の料金改定まで定額法が用いられていたが、その後、定率法が用いられるようになった[1]。

電気事業は膨大な固定資産を持つ設備産業であることから、発電費用に占める減価償却費の割合はきわめて大きい。

(2) 固定費と可変費

発電費用は、固定費（不変費）と可変費に分けられる。

固定費とは、固定設備の大小に応じて発生する費用（減価償却費、支払利息など）で、おおむね需要高（キロワット）に比例し、電力量（キロワット時）には関わらない。ちなみに、キロワット（kW）とは電力を表わす単位、キロワット時（kW時）とは電力量を表わす単位で、たとえば、一キロワットの電力（出力）の照明を一時間使用すれば、一キロワット時の電力量を消費することになる。

可変費とは、生産量に比例して増減する費用（燃料費など）で、キロワット時に比例する。

電気料金の原価には固定費・可変費のほか需要家費があるが、これは需要家軒数に比例する費用（検針費、集金費など）であり、発電費用には含まれない。

(3) 各種電源の発電費用の特質

各種電源の発電費用には、それぞれ特質がある。

図 2-1 定額法と定率法

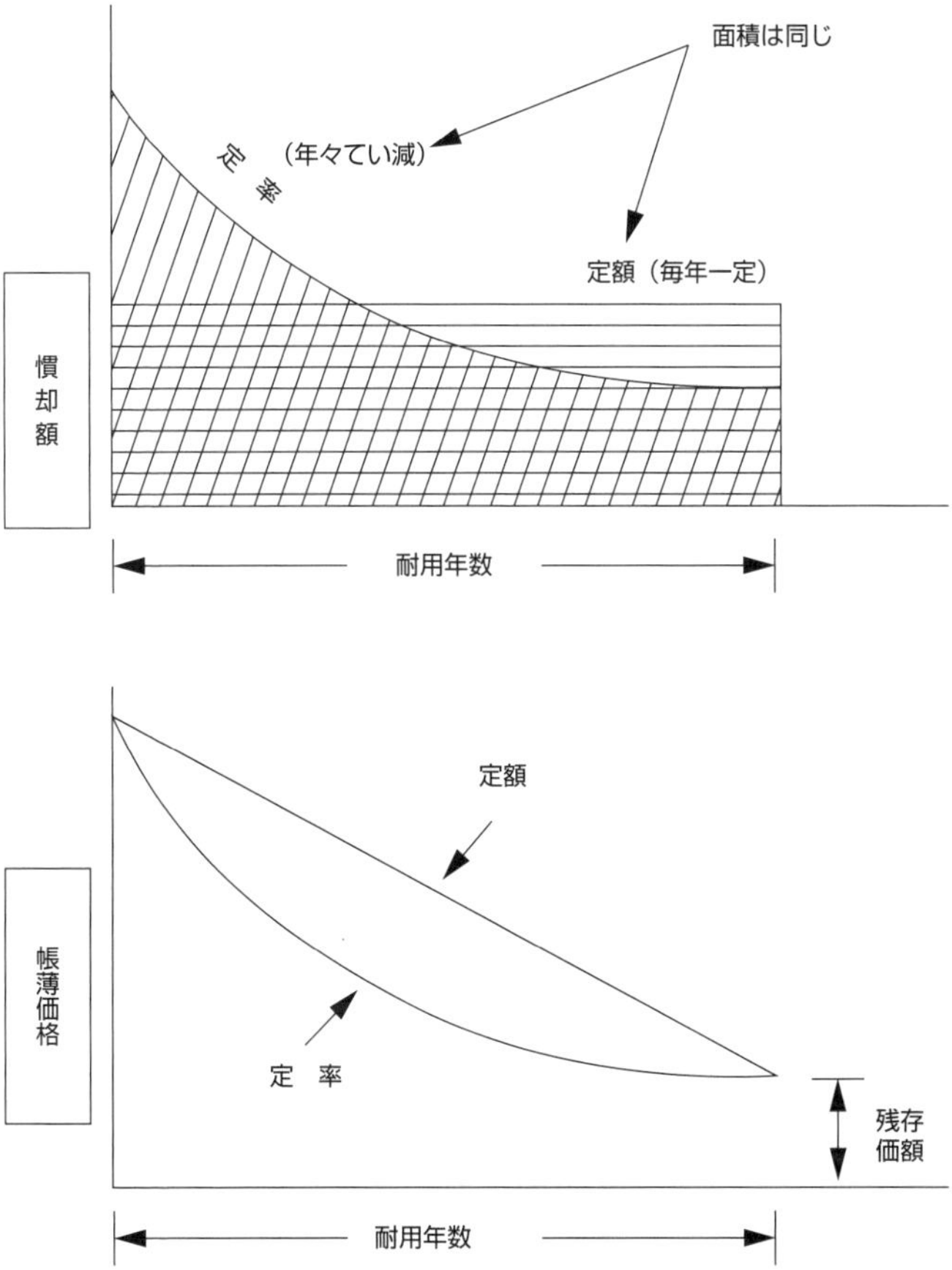

出典：『新版 市民の電気料金』79 頁

石油火力は、建設費（固定費）は安いが燃料費（可変費）は高い。原子力は、建設費は高いが燃料費は安い。石炭火力は、建設費も燃料費も両者の中間である。

資源エネルギー庁が一九八四年に発表した「電源別発電原価について」（表2—1）には、各種電源の燃料費比率が記載されている。それによれば、石油火力七・五割程度、石炭火力四割程度、LNG（液化天然ガス）火力六・五割程度、原子力二・五割程度とされている。

要するに、電源によって、固定費と可変費の割合が異なるのである。

2　電源のベストミックス論

(1)　三種類の負荷

発電は、時々刻々変動する電力需要に応じて発電量を変動させなければならない。電気は貯めることができないわけではないが、貯めるにはバッテリーなどが必要となり、コストがかかるからである。

電力の需要変動に応じて、電力負荷はピークロード（需要のピーク時にかかる負荷）、ミドルロード（ピークロードとベースロードの中間の負荷）、及びベースロード（需要変動に関わりなくコンスタントにかかる負荷）の三種類に分けられる。原子力や石炭火力や石油火力などの各種電源は、その特質に応じて、三種類の負荷のいずれか一つまたは二つに割り当てられる。

発電電力量（キロワット時）を認可出力（キロワット）×一年間の時間数八七六〇（時）で割っ

表 2-1　電源別発電原価について（1984 年度運開ベース）

	建設単価（kW 当たり）	送電端発電原価（kWh 当たり）	燃料費比率
一般水力	63 万円程度	21 円程度	—
石油火力	14 万円程度	17 円程度	7.5 割程度
石炭火力	24 万円程度	14 円程度	4 割程度
ＬＮＧ火力	19 万円程度	17 円程度	6.5 割程度
原子力	31 万円程度	13 円程度	2.5 割程度

注１　発電原価は、昭和 59 年度近辺に運開した、あるいは運開が予定されている発電所を参考とし、モデル的なプラントを想定して試算した。
注２　利用率は、70％（水力は 45％）を前提とした。
注３　価格は、運開初年度時点価格である。
注４　モデルプラントは次のように想定した。

一般水力（ダム・水路式）	１～４万 kW 級
石油火力	60 万 kW 級４基
石炭火力	60 万 kW 級４基（海外炭使用）
ＬＮＧ火力	60 万 kW 級４基
原子力	110 万 kW 級４基

出所：資源エネルギー庁、1984 年 11 月

た値を設備利用率という。ベースロードに割り当てられれば高い設備利用率を実現できる。ピークロードに割り当てられれば低い設備利用率になる。ミドルロードはその中間である。

(2)　各負荷に適した電源

では、原子力と石油火力は、それぞれいずれの負荷に割り当てればよいだろうか。

原子力は、建設費は高いが燃料費は安い。建設費は発電電力量に関わらず一定であるから、発電電力量を増やせば増やすほど、発電電力量一単位（一キロワット時）あたりの費用は安くなる一方、逆に発電電力量を減らしていけば、発電電力量一単位（一キロワット時）あたりの費用は急速に高くなっていく。

他方、石油火力は、建設費は安いが燃料

費は高い。したがって、発電電力量を増加させても発電電力量一単位（一キロワット時）あたりの費用は原子力ほど安くなることはなく、逆に発電電力量を減らしても発電電力量一単位（一キロワット時）あたりの費用は原子力ほど急速に高くなることはない。

したがって、原子力はベースロードに割り当てて高い設備利用率を実現し、石油火力は設備利用率の低いピークロードに割り当てたほうがよい。

以上のことは、車を例にとれば、わかりやすくなる。原子力と石油火力をベースロードとピークロードのいずれに割り当てればよいかという問題は、値段は高いが燃費の良い車と値段は安いが燃費の悪い車の二つの車を、毎日の通勤用と週一回の買物用の二つの用途のいずれに割り当てればよいか、という問題と全く同じである。車の問題であれば、たいていの人が即座に「値段は高いが燃費の良いほうを毎日の通勤用に当てるほうがよい」と答えられるであろう。値段は高いが燃費の良い車は、頻繁に使用し、走行距離を伸ばせば伸ばすほど、走行距離一km当たりの費用を低減でき、元がとれることになる。もしもそれをたまにしか使用しない用途に当てれば、きわめて不経済なことになる。逆に、値段は安いが燃費の悪い車は、たまにしか使用しない用途に当てれば経済的であるが、毎日の通勤用に使用すればきわめて不経済なことになる。

注目すべきは、使用頻度に応じて、より経済的な車が変わることである。高い使用頻度では値段は高いが燃費の良い車のほうがより経済的であり、低い使用頻度では値段は安いが燃費の悪い車のほうがより経済的になる。

同様に、電源の場合にも、高い設備利用率では原発のほうがより経済的であり、低い設備利用

図2-2　電源のベストミックス

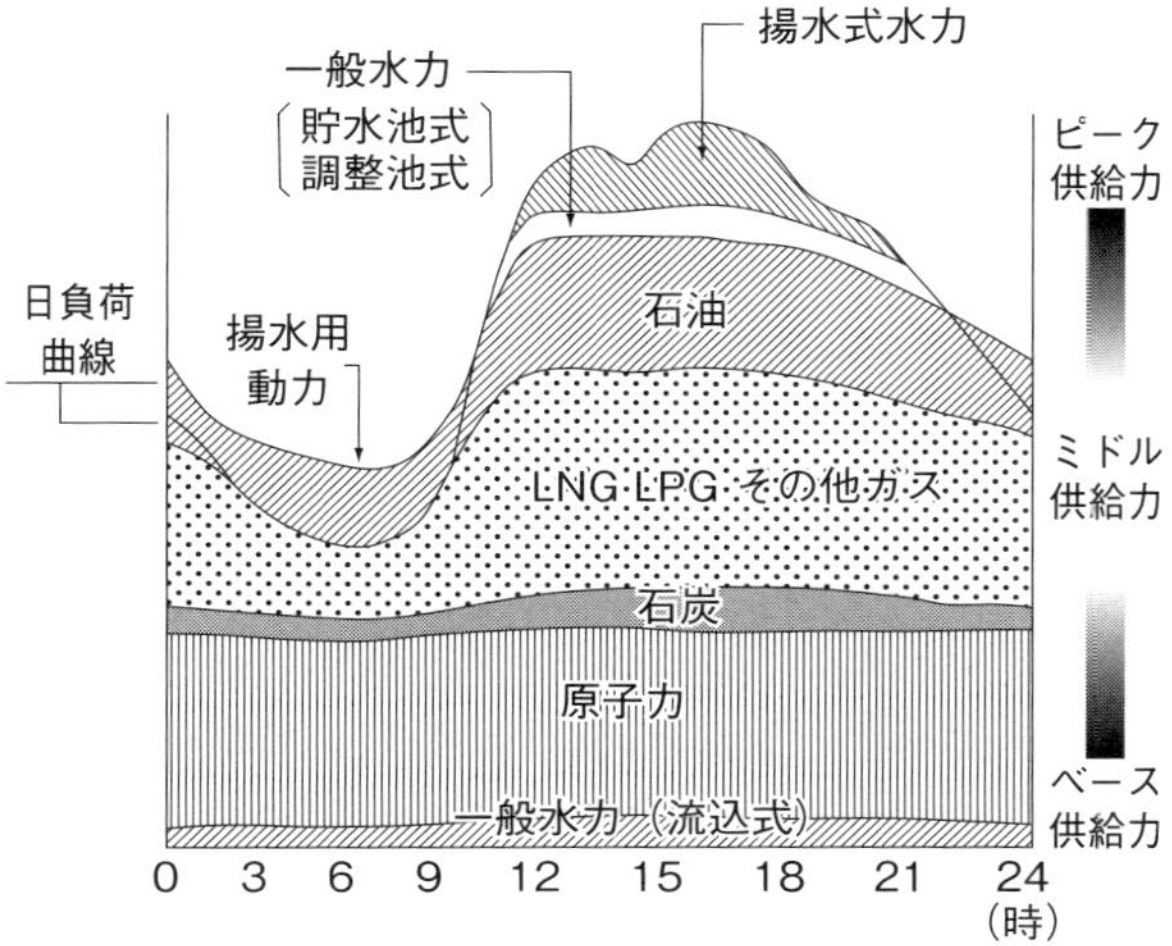

揚水式水力：負荷追従性に優れており、急峻な需要変動に対応

調整池式，貯水池式水力：時間的出力の調整が可能であるため、ピーク供給力として活用

石油火力：経済性を考慮し、ピーク供給力として活用

LNG 火力：運用性に優れていることから、ベース・ミドル供給力として活用

石炭火力：ベース電源としてフル出力を基本

原子力：フル出力運転

流込式水力：河川の自然流量をそのまま利用

出典：電気事業連合会『電気事業の現状について』2001年11月5日

率では石油火力のほうがより経済的になるのである。他方、石炭火力は、建設費も燃料費も原子力と石油火力の中間だから、ミドルロードに割り当てればよい。

このように、各種電源をそれぞれに適した負荷に当てて、全体として効率のよい電源の組み合わせを実現するという考えが「電源のベストミックス論」と呼ばれるものである[2]（図2―2）。

3　電源別発電原価のモデル試算のカラクリ

(1)　発電原価関数とグラフ

発電費用は固定費と可変費から成る。固定費は発電電力量に関わらない費用、可変費は発電電力量に比例してかかる費用である。したがって、一キロワット時当たりの発電原価は、固定費は発電電力量に反比例し、可変費は発電電力量にかかわらず一定となる。発電電力量は設備利用率に比例するから、固定費は設備利用率に反比例して低下し、可変費は設備利用率にかかわらず一定であることになる。

したがって、設備利用率α、固定費U、可変費Vとすれば、発電原価Yは、

Y＝U/α＋V と表わすことができる。

この発電原価関数のグラフを描いてみよう。

まず、Y＝U/α＋V　のグラフを考えよう。

Uが3、6、9の時のY＝U/α のグラフを図示すれば、図2―3のようになる。

図 2-3　Y = U/ α のグラフ

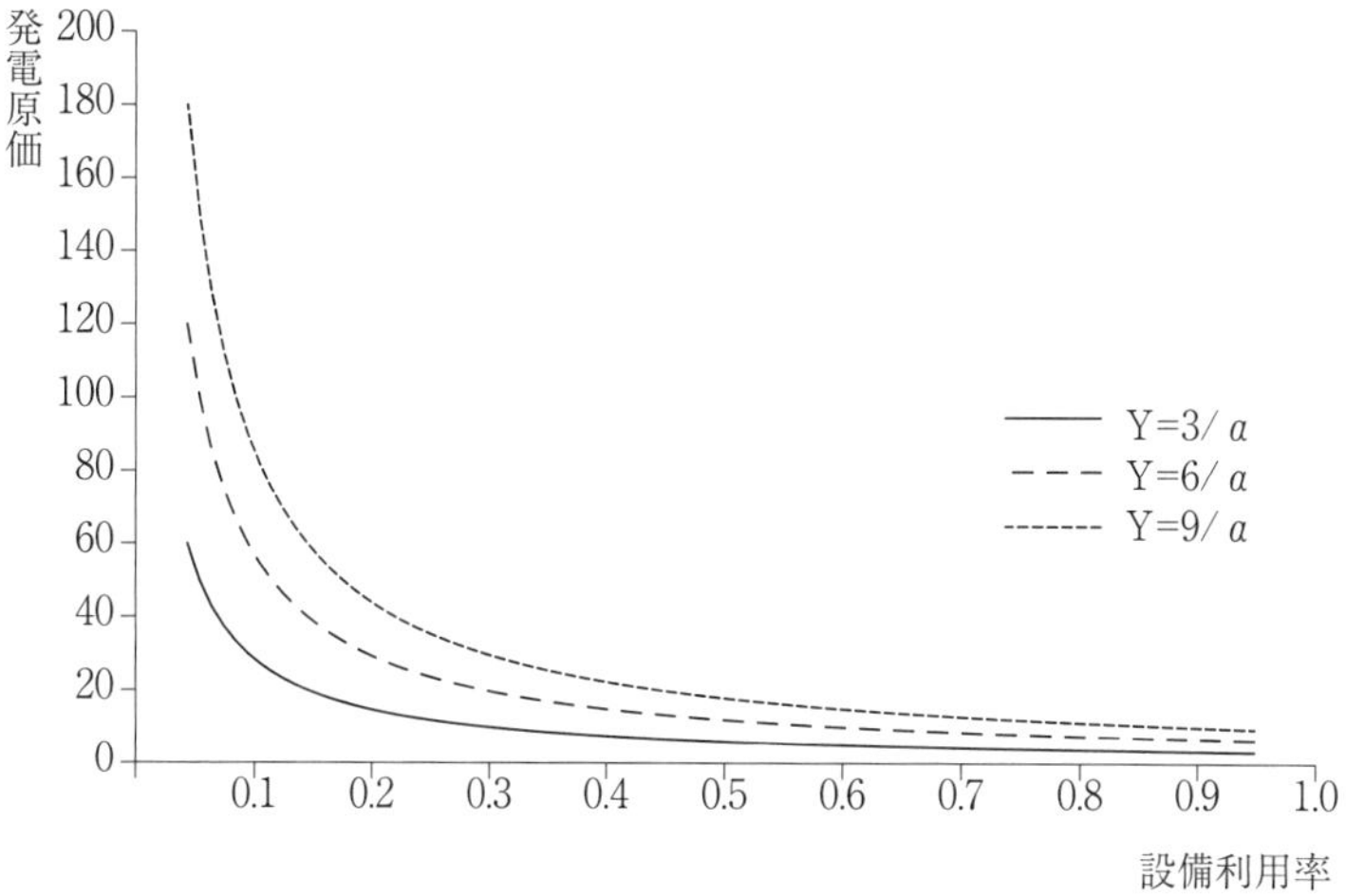

図 2-4　Y = 3 / α +12 のグラフ

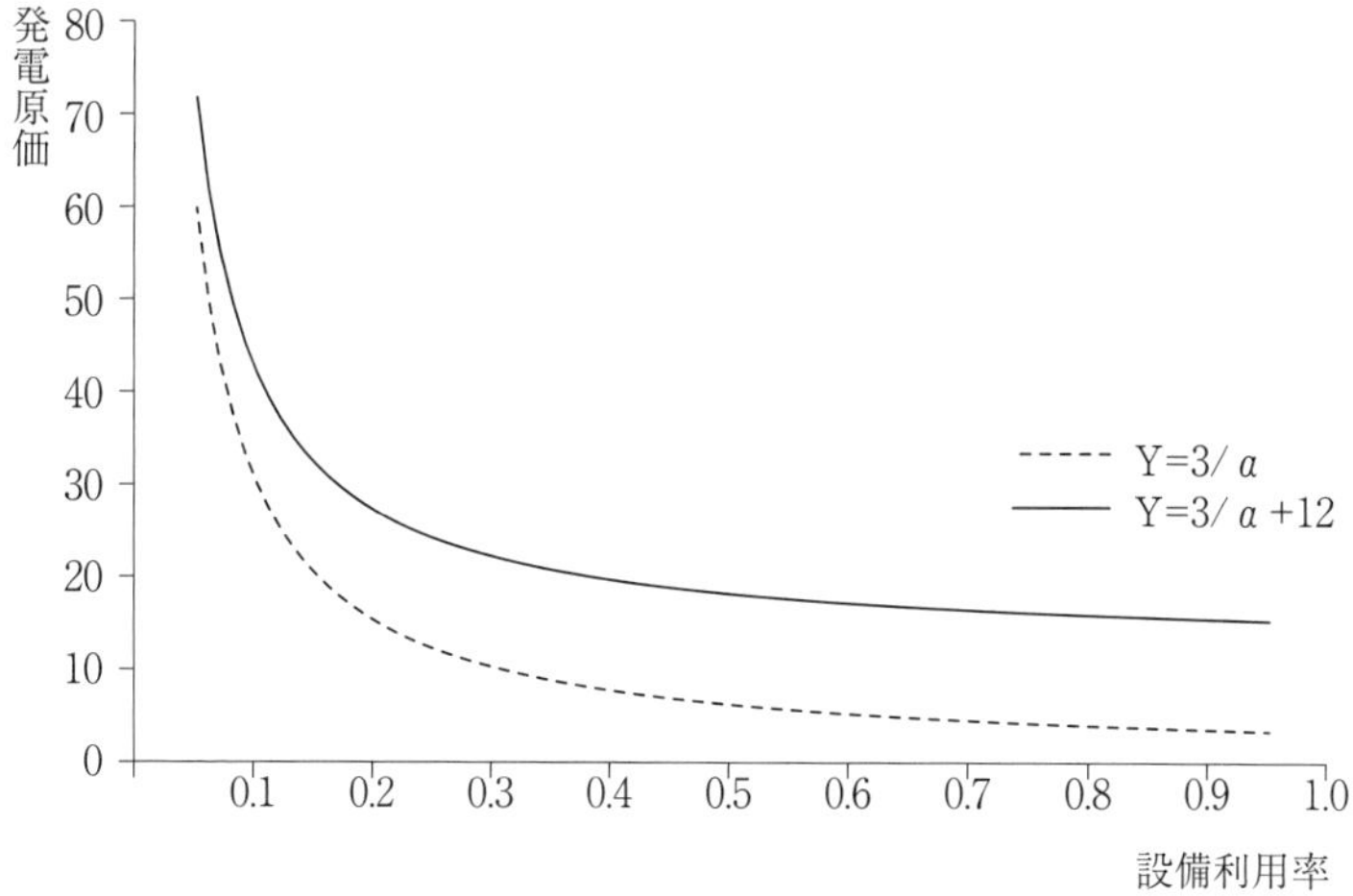

図2―3が示すように、Y＝U/α は縦軸と横軸とを漸近線とする双曲線になるが、Uが大きくなればなるほど緩いカーブを描くようになる。また、αが小さい時には三つのグラフのYの差は大きいが、αが大きくなるにつれて差は小さくなっていく。

Y＝U/α＋V のグラフはY＝U/α のグラフを上にVだけ平行移動したものになる。たとえば、V＝12 とすると、Y＝3/α＋12 のグラフは、Y＝3/α のグラフを上に12だけ平行移動したものになる（図2―4）。

(2) 一九八四年モデル試算のカラクリ

経産省や電力会社が「原発の電気が一番安い」とする根拠は、一九八〇年頃から資源エネルギー庁により発表されてきている電源別発電原価のモデル試算である。

一九八四年に発表されたモデル試算は表2―1のとおりである。

筆者は、吉田正雄参議院議員（当時）から依頼されて、一九八四年モデル試算についての批判を作成し、吉田議員に国会で質問していただいた。その結果、資源エネルギー庁もほぼ批判の内容を認めるところとなった。

批判の詳細は拙著『過剰社会を超えて』（八月書館、一九八五年）に収録したが、その概要は以下のとおりである。

発電原価の構成項目は、次の五種から成り、①〜③を総称して「資本費」と呼ぶ。

表 2-2　電源別発電原価の内訳（昭和 59 年度運開ベース）

単位：円／kWh

項　目	一般水力	石油火力	石炭火力	LNG 火力	原子力
資　本　費	18.85	3.71	6.70	5.03	8.27
減価償却費	3.60	1.41	2.55	1.92	2.96
事業報酬	13.01	1.97	3.55	2.67	4.57
固定資産財	2.24	0.33	0.60	0.44	0.36
諸　費	1.80	0.80	1.60	1.00	1.80
燃　料　費	—	12.75	5.60	11.05	3.25
合　計	20.65	17.26	13.90	17.08	13.32

出典：熊本一規『過剰社会を超えて』131 頁

①建設費の減価償却費
②事業報酬(3)
③固定資産税
④諸費：人件費、修繕費などの維持管理費
⑤燃料費

これら五種のそれぞれについて、一キロワット時当たりのコストを建設単価Ａ、設備利用率α、発電所の耐用年数ｎ、所内率（発生電力量のうち発電所内で消費される電力量の割合）ｑで表わして、表２―１に示されているＡ、α、ｎの値及び資源エネルギー庁からの聞き取りによって得たｑの値を代入すれば、表２―２のようになる。

表２―２の合計の値を四捨五入すれば、表２―１の発電原価とすべて一致する。

表２―２の値のうち、資本費及び諸費は固定費であるから設備利用率αに反比例し、燃料費は可変費であるから設備利用率αとは関わりがない。ただし、原子力の核燃料については、その燃料上の特性から固定費としての性格を有する。(4)

したがって、表２―２にもとづき、石炭火力及び原子力の発電原価関数は、それぞれ次のように表わせる（〇・七は表2―2が前提としている設備利用率）。

石炭火力　f（α）＝（6.70＋1.60）×0.7/α＋5.6＝　5.81/α＋5.6

原子力　g（α）＝（8.27＋1.80＋3.25）×0.7/α＝9.324/α

f（α）、g（α）をグラフで表せば、図2―5のようになる。

図2―5に示されるように、同一の設備利用率で比較した場合、設備利用率六三％未満では石炭火力のほうが安く、六三％を上回ると原子力のほうが安くなる。

しかし、実際には、火力はすでに技術的に完成しており、一〇〇万kW級の大型石炭火力の設備利用率は定期点検（一二カ月中二カ月）による減少分のみで約八三％を確保できていたが、原子力は直近五カ年平均で約六三％であった。

破線で示されているように、石炭火力の設備利用率八三％の発電原価に対抗するには原子力は設備利用率七四％を確保しなければならないが、実際には六三％でしかないから、設備利用率の実態に基づけば石炭火力のほうが安いのである。

以上、要するに、一九八四年のモデル試算においては、「同一の設備利用率七〇％」を前提とすることによって「原発の電気が一番安い」という結論を導き出していたが、設備利用率の実態に基づけば石炭火力のほうが安いのであった。主なカラクリは、「同一の設備利用率七〇％」にあった。

図 2-5 設備利用率と発電原価 (運開初年度)

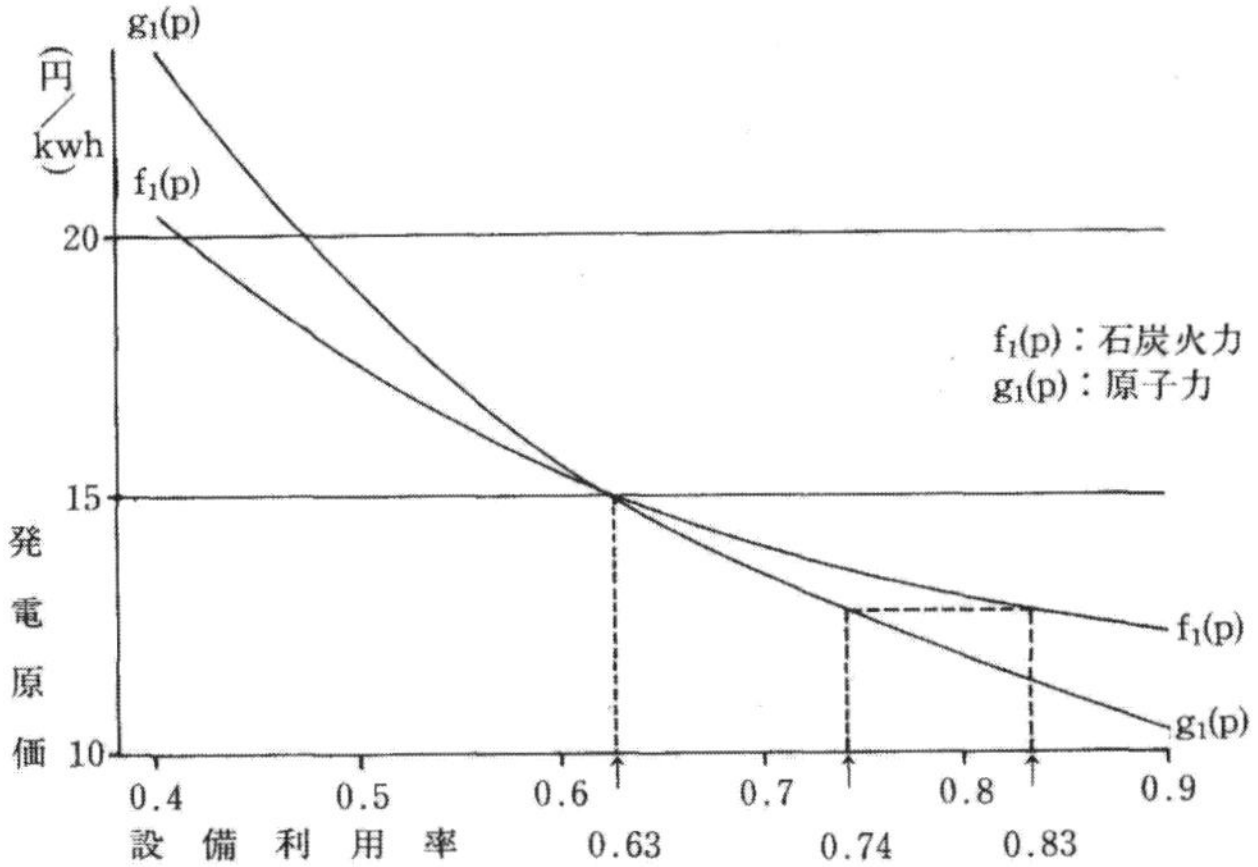

出典：熊本一規『過剰社会を超えて』132 頁

(3) 各電源の発電原価関数とベストミックス論

先に、表２―２にもとづいて石炭火力及び原子力の発電原価関数を表わしたが、同様にして、石油火力の発電原価関数は、ｈ（α）＝3.157/ α ＋ 12.75 と表わせる。

これと石炭火力ｆ（α）、原子力ｇ（α）を同一の座標に表わすと、図２―６のようになる。ｆ（α）とｈ（α）の交点の設備利用率は約三七・一％、ｆ（α）とｇ（α）の交点の設備利用率は約六二・八％である。

図２―６に示されるように、三者の間で「同一の設備利用率」を前提とすると、設備利用率が低い時には石油火力が最も安く、設備利用率が三七・一％を超えると石炭火力が一番安くなり、さらに設備利用率が六二・八％を超えると原子力が一番安くなる。

電力負荷の三種のうち、ベースロードに割

り当てられた電源は高い設備利用率を実現し、ピークロードに割り当てられた電源、ミドルロードに割り当てられた電源は、出力調整の結果、それぞれ低い設備利用率、中程度の設備利用率になる。

以上のことから、ベースロードには原子力、ミドルロードには石炭火力、ピークロードには石油火力を割り当てれば、最も安い発電が実現する。これがベストミックス論である。先に「高い設備利用率では原発のほうがより経済的であり、低い設備利用率では石油火力のほうがより経済的になる」と述べたが、図2―6は、そのことを数学で証明したものにほかならない。

要するに、最も安い電源は、設備利用率の大きさ如何で変わってくる。「原子力の電気が一番安い」とは、各種電源の間で「同一の高い設備利用率」で発電すること、及び、原子力もまたその設備利用率を達成できることを条件として初めて成り立つのであり、それらの条件を満たさない場合には成り立たないのである。

(4) 算定方式の変更で「原発の電気が一番安い」を維持

一九八四年のモデル試算は、発電所が運転開始した初年度における発電原価によるモデル試算であった。

ところが、翌一九八五年のモデル試算は、「初年度発電原価」と「耐用年発電原価」の二つの表を並列するとともに、「耐用年発電原価」では「燃料価格上昇率」が実質一％／年と実質二％／年の二つのケースを想定していた（表2―3）。

図 2-6　発電原価関数とベストミックス論

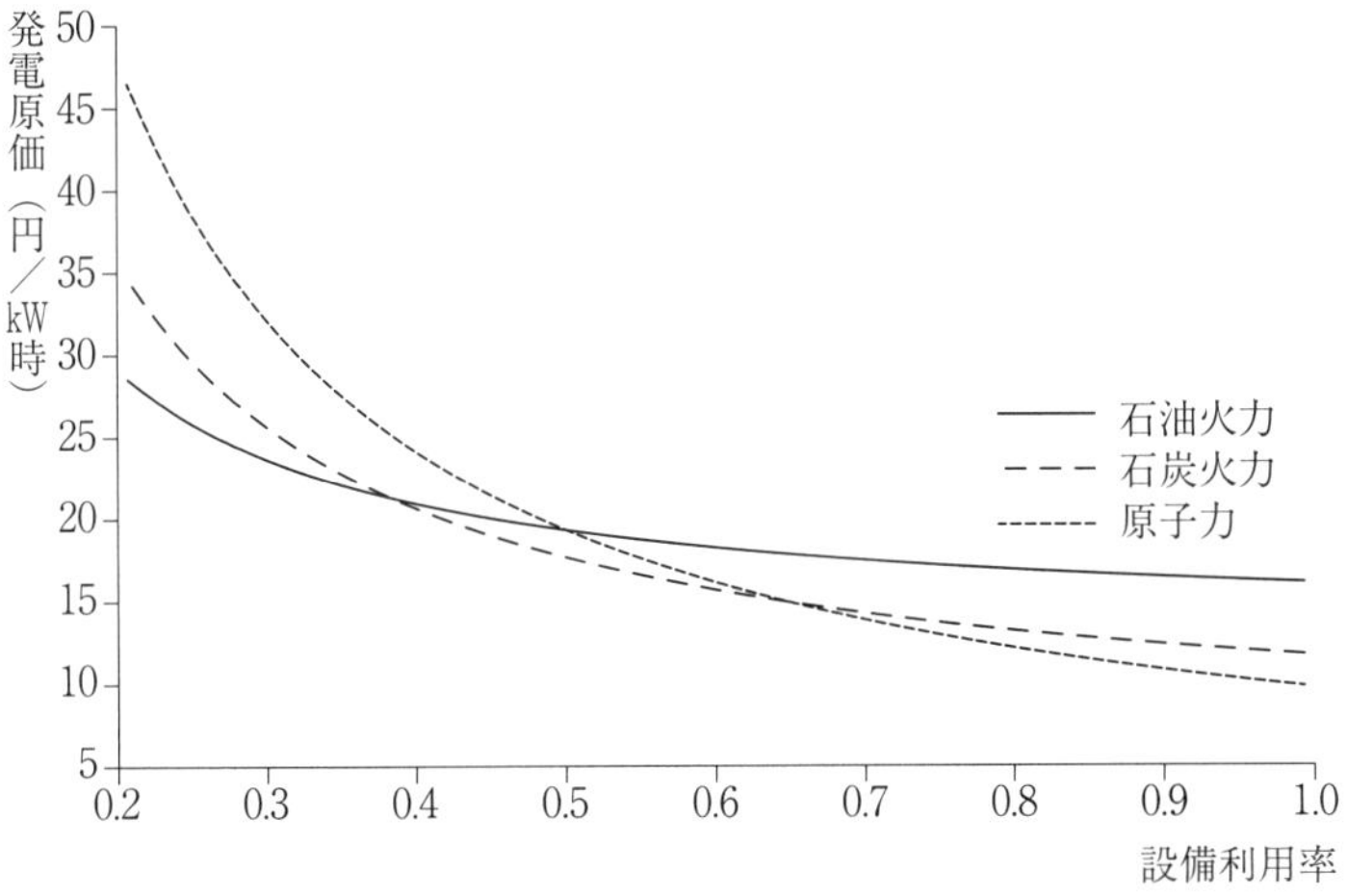

耐用年発電原価とは、法定耐用年数（火力十五年、原子力十六年）の間の平均の発電原価のことである。表２―３の注に記されているように、「耐用年発電原価は、法定耐用年に基づく現在価値換算収支等価法（ＯＥＣＤ採用手法に準拠）による」とされているが、これは、異なる年度の支出（費用）や収入（売電収入）を現在価値に割り引いたうえで、支出と収入とが一致するように発電原価を決めるという手法である。現在価値に割り引くには割引率が用いられる（割引率五％の場合、一年後の一〇五万円は現在価値一〇〇万円となる）が、一九八五年モデル試算では割引率をいくらにしたかは明記されていない。

　建設費などの固定資産は減価償却により年々目減りして、法定耐用年数後には残存価額のみになる。したがって、算定対象期間を初年度から耐用年に変更すると、固定費の占める割合のより大きい原発のほうが火力よりも有利になる。

電源別発電原価のモデル試算は、一九八四年度まで毎年、運開初年度方式で発表されていたのに、一九八五年のモデル試算で二つの算定方式が並列されたのは、運開初年度方式では、遠からず石炭火力が原子力よりも安くなることが予測されたためであろう。それゆえに、算定方式を並列するのみならず、燃料価格上昇率まで導入し、燃料価格上昇率の数字を操作することで「原子力が一番安い」という算定結果を以後も導けるように準備したと思われる。また、一九八四年度モデル試算に対して、実現可能な設備利用率に基づけば石炭火力が原子力よりも安くなることを指摘した吉田正雄議員の質問が変更の一因となった可能性もある。

翌一九八六年からは、初年度原価方式は全く発表されなくなった。また、モデル試算の発表は、毎年ではなく、七年に一度程度の頻度で行なわれるようになった。

発電原価算定方式の変遷をまとめたものが表2―4である。表の中で、新たに導入された変更点を太字で示している。

一九九九年試算では、算定方式がさらに運転年数均等化発電原価方式へと変更された。これは、算定対象期間を法定耐用年数から技術的耐用年数(原子力・火力ともに四〇年)に延ばして、四〇年間の平均コストを算出する方式である。この場合にも、耐用年発電原価方式と同様、割引率を用いて、四〇年間の支出と収入とを現在価値に割り引いたうえで両者が一致するように発電原価を算出する。

算定対象期間が四〇年間に延びても、固定資産が法定耐用年の間に償却されることには変わり

表 2-3　電源別発電原価試算結果（昭和 60 年度運開ベース）

1．初年度発電原価

	建設単価	送電端発電原価	
	(kW 当たり)	(kWh 当たり)	燃料費比率
一般水力	63 万円程度	21 円程度	—
石油火力	14 万円程度	17 円程度	7.5 割程度
石炭火力	24 万円程度	14 円程度	4 割程度
LNG 火力	21 万円程度	17 円程度	6 割程度
原子力	31 万円程度	13 円程度	2.5 割程度

2．耐用年発電原価

	送電端発電原価 (kWh 当たり)	
燃料価格上昇率	実質 1%/ 年	実質 3%/ 年
一般水力	13 円程度	13 円程度
石油火力	17 円程度	19 円程度
石炭火力	12 円程度	13 円程度
LNG 火力	16 円程度	18 円程度
原子力	10 円程度	11 円程度

注 1　発電原価は、昭和 60 年度近辺に運開した、あるいは運転が予定されている発電所を参考とし、モデル的プラントを想定して試算した。
2　利用率は、70%（水力は 45%）を前提とした。
3　モデルプラントは次のように想定した。

一般水力（ダム・水路式）	1 ～ 4 万 kW 級	
石油火力	60 万 kW 級	4 基
石炭火力	60 万 kW 級	4 基（海外炭使用）
ＬＮＧ火力	60 万 kW 級	4 基
原子力	110 万 kW 級	4 基

4　価格は、運開初年度時点価格である。
5　耐用年発電原価は、法定耐用年に基づく現在価値換算収支等価法（OECD 採用手法に準拠）による。

出所：資源エネルギー庁、1985 年 10 月

はない。したがって、原子力の場合、運転開始後十六年後に残存価額一〇％になり、その後二十四年間、ずっと一〇％のままである。(5) したがって、運転年数均等化発電原価方式への変更も、やはり固定費の割合の高い原子力に有利な変更である。

運開初年度から耐用年へ、さらに法定耐用年から技術的耐用年へという二回の算定方式変更からうかがえるように、モデル試算は、それまでの算定方式で「原発の電気が一番安い」が危うくなると、より原子力に有利な算定方式に変更して「原発の電気が一番安い」を維持し続けてきたのである。

要するに、「原発の電気が一番安い」を導くためのカラクリは、主として、「同一の高い設備利用率」と「算定方式の変更（算定対象期間の拡大）」にある。

(5) バックエンド費用を割引率で小さくする

核燃料は、ウラン鉱石の採鉱、精錬、転換、濃縮、再転換、成形加工を経て燃料集合体とし、原子炉で燃やした後、再処理（使用済み核燃料に含まれているプルトニウムや燃え残りのウランを取り出すこと）によって再び核燃料として利用する。また、原発から排出される低レベル放射性廃棄物（放射能で汚染された衣服や布切れなど）や再処理施設から排出される高レベル放射性廃棄物を処分することも必要となる。これらの一連の工程のことを「核燃料サイクル」または「原子燃料サイクル」という。

表 2-4　発電原価算定方式の変遷

試算	算定方式	耐用年数	設備利用率	燃料上昇率	バックエンド費用	割引率	発電原価（円 /kW）	コメント
84年試算	運開初年度発電原価	法定耐用年数（原子力 16 年火力 15 年）	原子力 70% 火力 70%	–	–	–	原子力 13 石油 17 LNG 17 石炭 14	吉田議員の質問により初年度原価では石炭火力と逆転することが明らかにされた。
85年試算	**耐用年発電原価**	法定耐用年数	原子力 70% 火力 70%	**1%,3%**	–	**5%**	原子力 10 石油 17 LNG 16 石炭 12	耐用年発電原価にし、燃料上昇率を見込むことで原子力の優位を維持。試算方法は、OECD 採用手法に従ったとされる。
92年試算	耐用年発電原価	法定耐用年数	原子力 70% 火力 70%	見込む	**含める**	5%	原子力 9 石油 10 LNG 9 石炭 10	バックエンド費用を算入したものの割引率により現在価値を小さくすることで原子力の優位を維持。試算方法は、OECD 採用手法に従ったとされる。
99年試算	**運転年数均等化発電原価**	**技術的耐用年数（原子力・火力 40 年）**	**原子力 80% 火力 80%**	見込む	含める	3%	原子力 5.9 石油 10.2 LNG 6.4 石炭 6.5	耐用年発電原価では石炭・LNG 火力と逆転することが見えて運転年数均等化発電原価に移行。かつ、設備利用率を一律 80%とした。
04年試算	運転年数均等化発電原価	**法定耐用年数技術的耐用年数**	**原子力・火力ともに 70%,80% 及び実績参考値**	見込む	含める	0%,1%,2%,3%,4%	表 1-5 参照	さまざまな条件での発電原価を算定し、比較を複雑化・困難化。バックエンド費用の算定根拠を初めて公表。

注 1　作成に使用した主な報告書等は次の通り。
①電気事業連合会「モデル試算による各電源の発電コスト比較」（平成 15 年 12 月 16 日）
②総合エネルギー調査会電気事業分科会コスト等検討小委員報告書（「バックエンド事業全般にわたるコスト構造、原子力発電全体の収益性等の分析・評価」平成 12 年 2 月 17 日）
③総合エネルギー調査会原子力部会資料（「原子力発電の経済性について」平成 11 年 12 月 16 日）
2　新しく導入された変更点を太字にしている。

表2-5　核燃料サイクルコスト内訳(1999年モデル試算)

核燃料サイクルコスト			1.65円／kWh
	フロントエンド		0.74円／kWh
		鉱石調達、精鉱、転換	0.17円／kWh
		濃縮	0.27円／kWh
		再転換、成型加工	0.29円／kWh
	再処理		0.63円／kWh
	バックエンド		0.29円／kWh
		中間貯蔵	0.03円／kWh
		廃棄物処理・処分＊	0.25円／kWh

＊「廃棄物処理・処分」は、高レベル放射性廃棄物処分と、その他再処理に伴い発生する廃棄物の処理・貯蔵・処分費用が含まれる。

出典：総合エネルギー調査会原子力部会資料『原子力発電の経済性について』(1999年12月16日)

核燃料サイクルのうち、ウランの採鉱から成型加工までの工程をフロントエンド、原子炉内での燃焼以降の、使用済み燃料の再処理や放射性廃棄物の処理処分、再処理施設の廃止に関わる工程をバックエンドといい、バックエンドに要する費用をバックエンド費用という(図2―7)。

再処理によって取り出したプルトニウムは、以前は高速増殖炉で燃やすとされていたが、高速増殖炉の見通しが立たないため、近年では、ウランと混ぜてMOX燃料(プルトニウムとウランの混合酸化物)に加工して通常の軽水炉(原発)で燃やすとされている。プルトニウムを軽水炉で利用することをプルサーマルという。

表2―4に見るように、発電原価モデル試算にバックエンド費用が含まれるようになったのは一九九二年試算からである。しかし、一九九二年試算では「原子力の発電原価には、核燃料サイクル、廃炉関係、放射性廃棄物処理処分等の関連費用を含めた」、「原子燃料については、海外濃縮、国内加工、海外再処

図2-7　核燃料サイクルとバックエンド

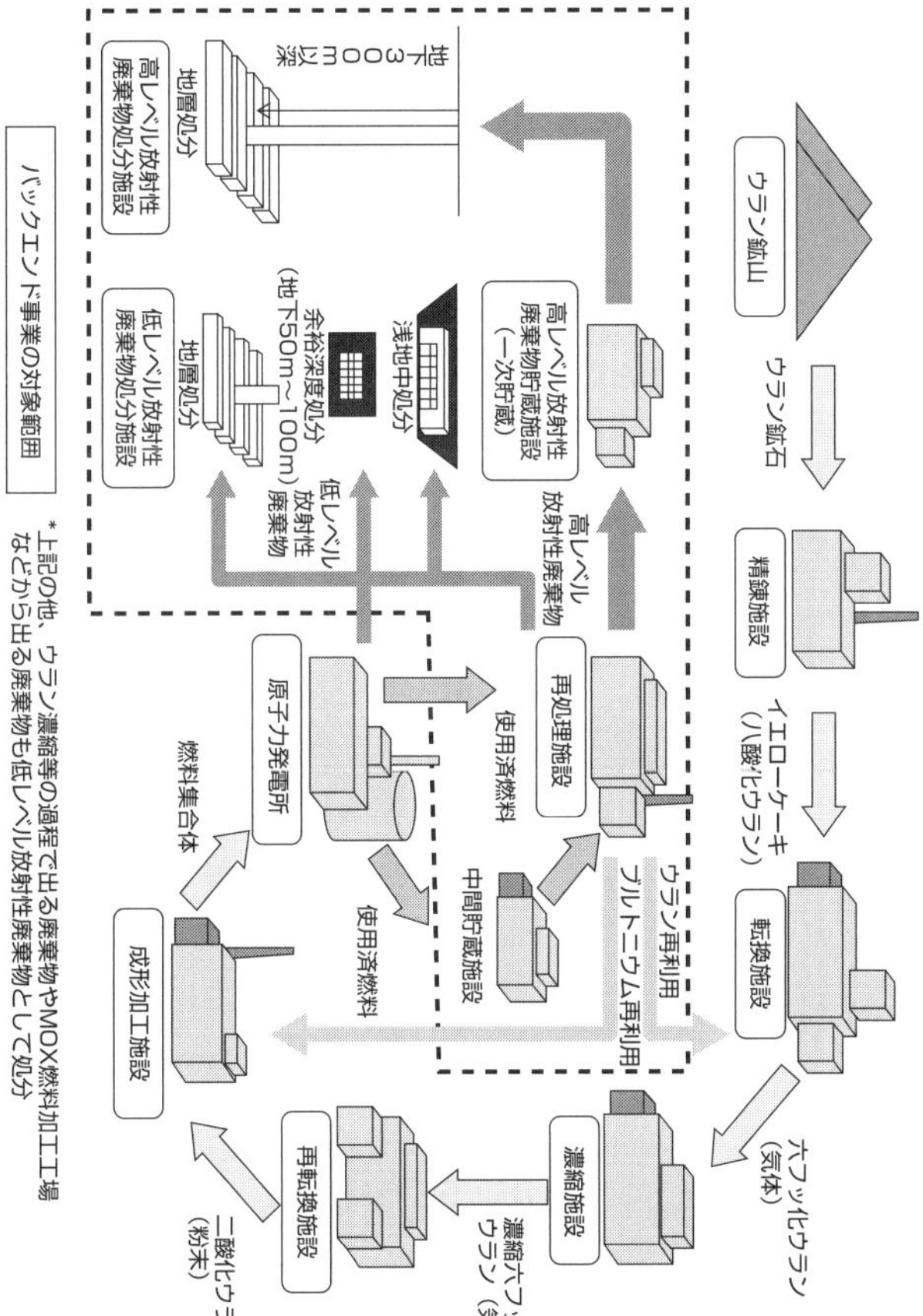

*上記の他、ウラン濃縮等の過程で出る廃棄物やMOX燃料加工工場などから出る廃棄物も低レベル放射性廃棄物として処分

出典：『電気事業講座１　電気事業の経営』49頁

図 2-8　バックエンド事業の想定スケジュール

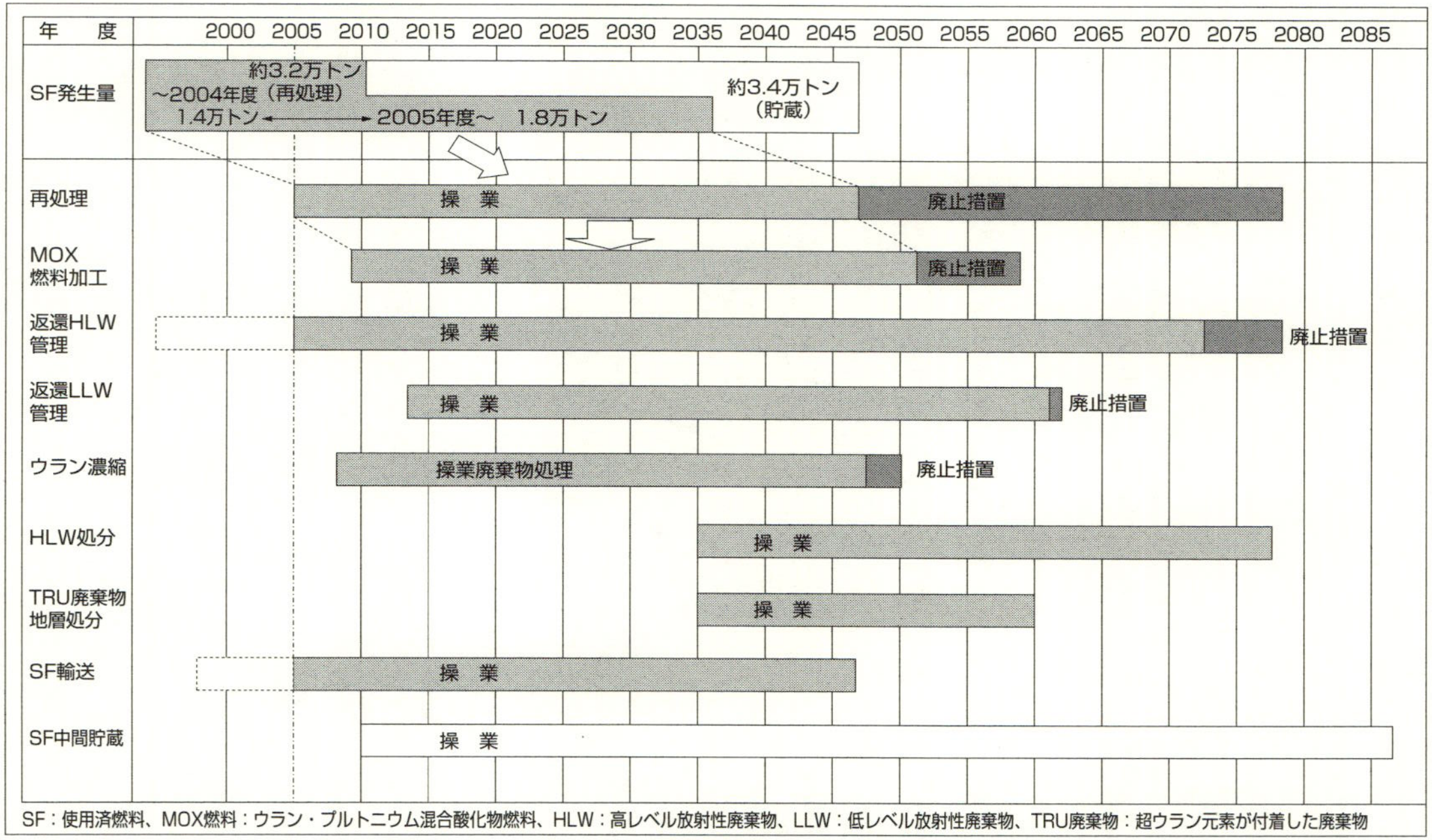

出典：総合資源エネルギー調査会電気事業分科会コスト等検討小委員会「バックエンド事業全般にわたるコスト構造、原子力発電全体の収益性等の分析・評価」(2004 年 1 月 23 日)

表 2-6　核燃料サイクルバックエンドの総事業費

事業	項目	費用（百億円） 項目別	費用（百億円） 事業総額
再処理	a. 操業（本体）	706	1,100
	b. 操業（ガラス固化体処理）	47	
	c. 操業（ガラス固化体貯蔵）	74	
	d. 操業（低レベル廃棄物処理・貯蔵）	78	
	e. 操業廃棄物輸送・処分	40	
	f. 廃止措置	155	
返還高レベル放射性廃棄物管理	a. 廃棄物の返還輸送	2	30
	b. 廃棄物貯蔵	27	
	c. 廃止措置	1	
返還低レベル放射性廃棄物管理	a. 廃棄物の返還輸送	14	57
	b. 廃棄物貯蔵	35	
	c. 処分場への廃棄物輸送	3	
	d. 廃棄物処分	2	
	e. 廃止措置	4	
高レベル放射性廃棄物輸送	a. 廃棄物輸送	19	19
高レベル放射性廃棄物処分	a. 廃棄物処分（注１）	255	255
TRU 廃棄物地層処分	a.TRU 廃棄物地層処分（注２）	81	81
使用済燃料輸送	a. 使用済燃料輸送	92	92
使用済燃料中間貯蔵	a. 使用済燃料中間貯蔵	101	101
MOX 燃料加工	a. 操業	112	119
	b. 操業廃棄物輸送・処分	1	
	c. 廃止措置	7	
ウラン濃縮工場バックエンド	a. 操業廃棄物処理	17	24
	b. 操業廃棄物輸送・処分	4	
	c. 廃止措置	4	

注１：高レベル廃棄物処分費については、「特定放射性廃棄物の最終処分に関する法律」に基づき、電力が拠出すると想定される費用を算定。
注２：再処理、MOX 工場等から発生する TRU 廃棄物（地層処分相当）の処分費用は、各事業でなく TRU 廃棄物地層処分の項目に計上。
注３：端数処理の関係で、表中の数値と合計が合わない場合がある。
出典：総合資源エネルギー調査会電気事業分科会コスト等検討小委員会「バックエンド事業全般にわたるコスト構造、原子力発電全体の収益性等の分析・評価」（2004 年１月 23 日）

理、海外MOX加工の燃料サイクルを仮定して試算」と注に記されているだけで、バックエンド費用の額さえ明らかにされていなかった。

一九九九年試算では、核燃料サイクルコストとして表2―5が示されたが、額とおおまかな内訳がわかっただけで算定根拠はやはり不明であった。

二〇〇四年試算では、電気事業連合会作成の算定根拠が示された。それによれば、バックエンド事業の想定スケジュールは図2―8、バックエンドの総事業費は表2―6のようであり、バックエンド費用は発電開始から八～八〇年後に発生するとされていることがわかる。

バックエンド費用を試算に含めるようになったのは、「バックエンドを含めないで原子力の発電原価を小さくしている」との批判に応えてのものであろう。だが、バックエンド費用を含めることにしたものの、それは発電開始から八～八〇年後に発生する費用であることから、割引率によって額を小さく抑えられている。

そのうえ、そもそもバックエンド費用は数十年間ですむような性質のものではない。

二〇一一年八月現在、世界中で高レベル放射性廃棄物処分場はフィンランドにしか存在しない。日本を含む他国では用地の選定を行っている段階でしかない。

フィンランド政府は、高レベル放射性廃棄物をオルキルオト島（オルキルオト原発が立地している）にあるオンカロ最終処分場に十万年の間、地層処分したまま封鎖し続けるとしている。使用済み核燃料に含まれるプルトニウムの半減期は二万四千年であり、十万年経ってもプルトニウムの放射能は十六分の一程度にしかならない。十万年経てば生物にとって安全なレベルになるもの

表 2-7 電源別発電原価モデル試算結果（2004年）

表 2-7-1 技術的耐用年数（40年）

（単位：円/kWh）

電源	利用率	割引率				
		0%	1%	2%	3%	4%
一般水力	45%	8.2	9.3	10.6	11.9	13.3
石油火力	30%	14.4	15.0	15.7	16.5	17.3
	70%	10.4	10.6	10.9	11.2	11.6
	80%	10.0	10.2	10.5	10.7	11.0
LNG 火力	60%	6.2	6.4	6.6	6.8	7.1
	70%	6.0	6.1	6.3	6.5	6.7
	80%	5.8	5.9	6.1	6.2	6.4
石炭火力	70%	5.3	5.6	5.9	6.2	6.5
	80%	5.0	5.2	5.4	5.7	6.0
原子力	70%	5.4	5.5	5.7	5.9	6.2
	80%	5.0	5.0	5.1	5.3	5.6
	85%	4.8	4.8	4.9	5.1	5.4

表 2-7-2 法定耐用年数（火力15年、原子力16年）

（単位：円/kWh）

電源	利用率	割引率				
		0%	1%	2%	3%	4%
一般水力	45%	8.2	9.3	10.6	11.9	13.3
	30%	19.2	19.8	20.4	21.1	21.7
石油火力	70%	12.3	12.6	12.9	13.2	13.4
	80%	11.7	11.9	12.2	12.4	12.7
	60%	7.6	7.7	7.9	8.1	8.3
LNG 火力	70%	7.1	7.2	7.4	7.6	7.7
	80%	6.7	6.9	7.0	7.2	7.3
石炭火力	70%	7.3	7.6	7.8	8.1	8.4
	80%	6.7	6.9	7.2	7.4	7.7
	70%	8.2	8.0	8.1	8.2	8.3
原子力	80%	7.5	7.3	7.3	7.4	7.5
	85%	7.2	7.0	7.0	7.0	7.2

出典：電気事業連合会「モデル試算による各電源の発電コスト比較」（2004年1月16日）

ではなく、残存するプルトニウムの放射能を考慮すれば「十万年の管理」は高レベル放射性廃棄物を産み出した者の最低限の義務でしかない。

ところが、日本では、まだ高レベル放射性廃棄物処分場を確保できていないにもかかわらず、わずか数十年程度のバックエンド費用をみるだけで「原発の電気が一番安い」としているのである。(6)

(6) 二〇〇四年モデル試算のカラクリ

二〇〇四年に発表された最新のモデル試算は、算定対象期間を法定耐用年数と技術的耐用年数の両方、設備利用率を七〇%・八〇%等、割引率を〇%~四%と条件を様々に変化させてさまざまな発電原価を算出し、電源別の比較を複雑化・困難化している(表2―7)。ただし、国や電力会社は、さまざまなケースのうち、技術的耐用年数(四〇年)、設備利用率八〇%、割引率三%のケースに基づいて、「原発の電気が一番安い」と宣伝している。

しかし、算定方式や年数や割引率や燃料上昇率等を如何に変えようとも、それは固定費や可変費の大きさを変えるにすぎず、固定費を可変費に変えたり、可変費を固定費に変えたりすることはない。したがって、算定方式や割引率等の変更はUやVの大きさを変えるだけにすぎず、発電原価がU/α+Vという関数で表わせることには全く変わりはない。

表2―7―1に示されるように、LNG火力、石炭火力、原子力のいずれにおいても設備利用率が二つ以上のケースにおける発電原価が示されているため、それらの数値を代入すれば、それ

ぞれのU、Vが確定することになる。設備利用率が七〇%、八〇%の場合の発電原価に基づいてU、Vを確定すれば、それぞれの発電原価関数は次のように表わせる。

LNG火力　$h(\alpha)=1.68/\alpha+4.1$

石炭火力　$f(\alpha)=2.8/\alpha+2.2$

表 2-8　原発の設備利用率の推移

単位：%

年度	1969	1970	1971	1972	1973	1974	1975	1976	1977	1978	1979	1980
設備利用率	58.7	73.8	68.9	62.0	54.1	54.8	42.2	52.8	41.8	56.7	54.6	60.8

年度	1981	1982	1983	1984	1985	1986	1987	1988	1989	1990	1991	1992
設備利用率	61.7	67.6	71.5	73.9	76.0	75.7	77.1	71.4	70.0	72.7	73.8	74.2

年度	1993	1994	1995	1996	1997	1998	1999	2000	2001	2002	2003	2004
設備利用率	75.4	76.6	80.2	80.8	81.3	84.2	80.1	81.7	80.5	73.4	59.7	68.9

年度	2005	2006	2007	2008	2009	2010	直近 10 年平均	直近５年平均
設備利用率	71.9	69.9	60.7	60.0	65.7	67.3	67.8	64.7

出所：原子力安全基盤機構「原子力施設運転管理年報」

原子力　　$g(\alpha) = 3.36 / \alpha + 1.1$

火力発電の技術は一九八四年当時に比べてもさらに進んでおり、現在の火力発電の定期点検は二年間に二～三カ月とされている。したがって、百万kW級火力の設備利用率は、少なくとも八七・五％を実現できる。他方、原発の設備利用率は、二〇一〇年度までの十カ年平均で六七・八％、五カ年平均で六四・七％である（表2―8）。

h（0.875）≒6.0, f（0.875）≒5.4, g（0.678）≒6.1, g（0.647）≒6.3

であるから、実現できる設備利用率に基づけば、原子力よりも石炭火力やＬＮＧ火力のほうが安いことになる。

以上のように、「原発の電気が一番安い」は、そうなるような操作を加えて試算がなされたがゆえの結論である。実現できる設備利用率に基づけば、石炭火力が断然安く、次いでＬＮＧ火力が原発よりいくぶん安いのであり、「原発の電気が一番安い」は誤りである。

結　論

資源エネルギー庁が一九八〇年頃から行なってきている電源別発電原価のモデル試算は、要するに「原発の電気が一番安い」を宣伝するための試算である。

「原発の電気が一番安い」を導くためのカラクリは、主として、「同一の高い設備利用率」と「算定方式の変更（算定対象期間の拡大）」である。

バックエンド費用については、割引率で現在価値を小さくしているうえ、フィンランドでは「十万年の管理」が必要とされているにもかかわらず、わずか八十年程度の管理しか考慮していない。

「十万年の管理」に基づけばもちろんのこと、二〇〇四年モデル試算のバックエンド費用を仮に認めた場合にも、実現できる設備利用率に基づけば石炭火力やＬＮＧ火力のほうが原子力よりも安いのである。

「火力発電で代替すれば、燃料コスト増により電気料金があがる」は、二日酔いで休んだＡの仕事をＢが補ったために生じた残業代をＢの能率の悪さのせいにするのと同じ、悪質な「論理のすり替え」である。残業代の原因はＡにあり、ＡとＢの能率の差など全く関係がない。

「原発の電気が一番安い」は、意図的な嘘であり、誤りである。

第3章　原発は地域社会を破壊する

1　福島原発は地域を潤したか

福島原発事故が起きた今となっては信じがたいことであるが、長い間、原発は地域を潤すと宣伝されてきた。地域を潤す根拠とされたのが、一つは雇用効果、もう一つは財政効果である。それらの効果を謳って、有力政治家が地元に原発を誘致することがしばしば行なわれてきた。しかし、雇用効果や財政効果は本当にあるのか。

福島原発事故をおこした福島第一原発、及び福島第二原発に即して、福島県の見解をもとに検討していこう。

(1)　恒久的振興を訴えた福島県

福島県が福島原発等に関して発行した古い冊子が二冊ある。タイトルは『電源地域の恒久的な振興を目指す特別立法の制定について』(一九八〇年七月)及び『電源地域の恒久的な振興を目指す特別立法の必要性について』(一九八一年一月、以下『必要性』)である。

二冊の冊子は、福島第一原発が運転開始(一号機が一九七一年三月運転開始、最も遅く着工された六号機が一九七九年十月運転開始)されて一～十年後に出されたものである。当時、福島第二原発のほうは、まだ一・二号機が建設中、三・四号機が一九八〇年十二月に建設着工という段階であった。

表 3-1　発電所の建設に伴う雇用状況

単位：人

年度（昭和）			47	48	49	50	51	52	53	54	55
継続的な雇用	東京電力	福島第１原発	485	576	660	713	740	825	902	975	890
		福島第２原発	69	73	97	110	122	153	183	241	346
		広野火発	21	51	66	83	78	79	107	160	219
		計	575	700	823	906	940	1,057	1,192	1,376	1,455
	関連会社	福島第１原発	339	403	462	499	518	578	631	279	264
		福島第２原発				31	35	44	53	74	80
		広野火発							203	135	134
		計	339	403	462	530	553	622	887	488	478
	運転保守	福島第１原発	120	120	200	230	280	310	510	630	650
		福島第２原発									
		広野火発									96
		計	120	120	200	230	280	310	510	630	746
	合　計		1,034	1,223	1,485	1,666	1,773	1,989	2,589	2,494	2,679
臨時的な雇用	建設	福島第１原発	2,846	3,291	4,326	3,203	3,431	3,173	3,073	1,717	850
		福島第２原発				648	673	1,469	2,763	4,321	5,516
		広野火発			372	458	439	524	1,761	2,289	405
		計	2,846	3,291	4,698	4,309	4,543	5,166	7,597	8,327	6,771
	定期点検	福島第１原発	100	184	462	957	733	2,051	1,265	1,178	961
		福島第２原発									
		広野火発									
		計	100	184	462	957	733	2,051	1,265	1,178	961
	合　計		2,946	3,475	5,160	5,266	5,276	7,217	8,862	9,505	7,732
総　計			3,980	4,698	6,645	6,932	7,049	9,206	11,451	11,999	10,411

注１　東京電力に雇用されるものは、正規の社員として発電所の完成後も各発電所に配置されているものである。

注２　「関連会社」とは、東京電力の資本参加により設立された企業で、発電所の建設工事及び運開後の業務の一部を東電より委託を受けて実施するものであり、当該社員は東京電力の社員と同じく継続性のある社員である。

注３　「運転保守」とは、主として自動車の運転及び場内整備等の業務に従事する継続的な雇用者である。

出典：『電源地域の恒久的な振興を目指す特別立法の必要性について』６頁

タイトルからわかるように、これらの冊子は、電源地域の恒久的な振興を目指す特別立法の必要性を訴えたものである。すでに原発を多数立地した福島県が「恒久的な振興を目指す」というのだから、少なくとも当時の制度の下では、発電所の立地は「恒久的な振興」ではなく、「一時的な振興」しかもたらさないと訴えていることになる。原発立地を引き受けた県が、立地効果が一時的であることを自ら公言したという意味で、二冊は画期的な冊子であった。

原発が「一時的な振興」しかもたらさないとは、どういうことか。以下、雇用効果と財政効果について、『必要性』を中心に詳しく見ていこう。

【雇用効果】

『必要性』によれば、発電所建設期間中の雇用状況は表3―1のようである。昭和五十四年にはピークの一万一九九九人に達しているが、そのうち建設工事の就労者数は八三二七人にも達している。

地元（相馬市・南相馬市・相馬郡及び双葉郡から成る相双地域）雇用の状況をみると、臨時的な雇用のうち地元雇用の割合は全体の約三分の一以上、継続的な雇用のうち東京電力及び同関連会社が社員として採用した雇用者一九三三人のうち六一八人（三二％）、運転保守はすべて地元雇用である。

『必要性』は、「以上のように、発電所の建設は雇用面で大きな影響を与えているのであるが、長期的な視点で見ると、以下に示すような問題点を指摘することができる」として、次の二つの

図 3-1　発電所の建設に伴う雇用状況

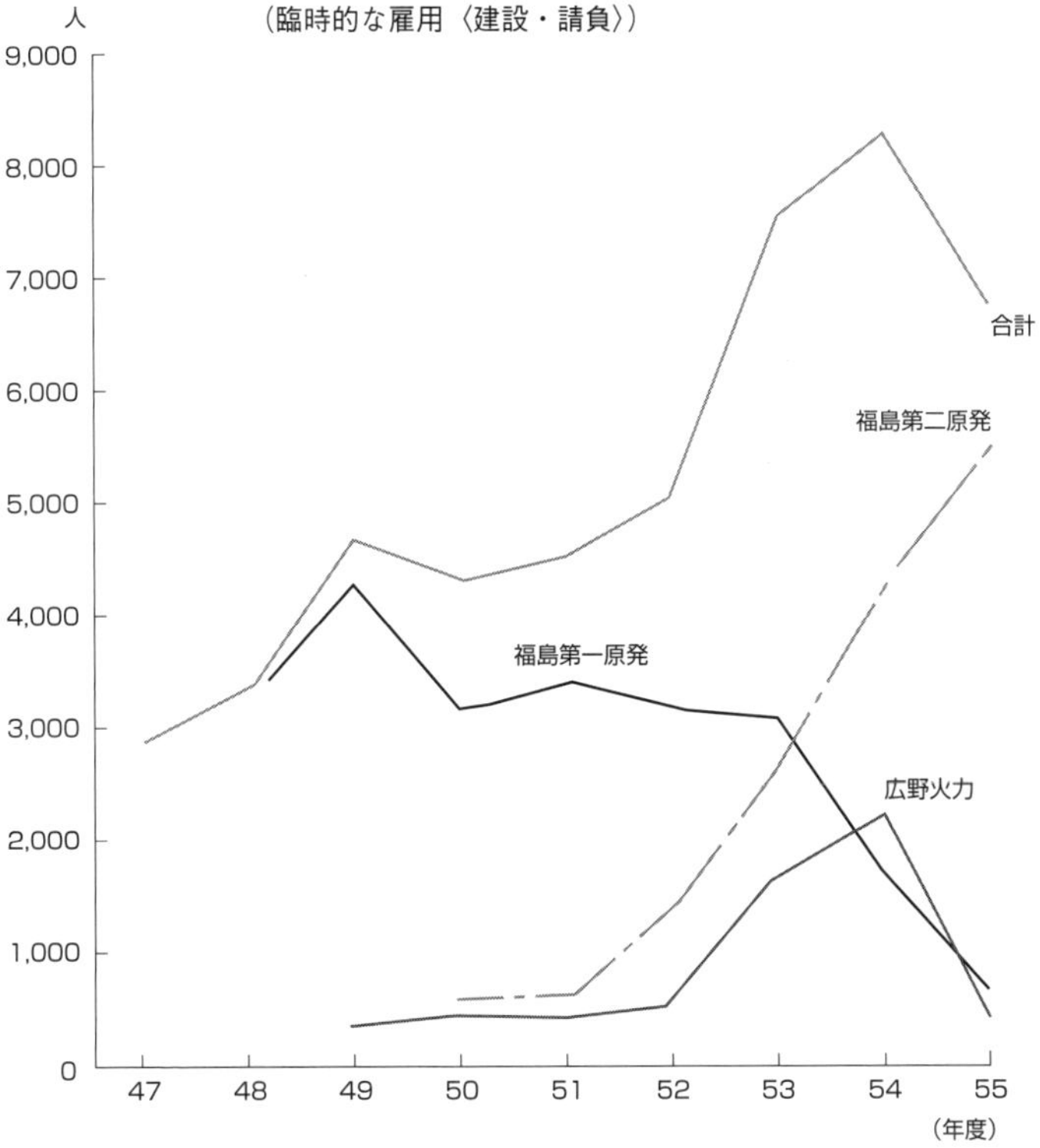

出典：福島県『電源地域の恒久的な振興を目指す特別立法の必要性について』10 頁

問題点をあげる。

①発電所完成後の雇用者数の変化

発電所は、おおむね五年前後の建設期間で完成しているが、これに対応して就労者数はある時期までは増加傾向を示すものの、やがて次第に減少し工事完成とともに就労の機会を失う。発電所別の雇用者数の推移を示した図3―1は、そのことを如実に示している。

福島第一原発での建設工事就労者数のうちの地元（双葉地方）就労者数は、昭和四十九年の最盛期には一八一七人であったのが、昭和五十五年には三八三人にまで減少したうえ、その三八三人も臨時の改良工事に従事しているものであるから、一～二年後にはゼロになる。

②新規学卒者と地元就職

双葉郡では、地元での就職を希望する新規学卒者を十分に吸収できず、その約七〇％が郡外へ流出していた。原発立地により、その状況が改善されることを期待したが、相変わらず新規学卒者の大部分が郡外へ流出する状況に変化はない。

以上のように、『必要性』は、原発立地に伴う雇用効果が一時的にすぎないデータを示して、恒久的振興を目指す特別立法の必要性を訴えている。

【財政効果】

発電所が立地した地域の市町村では急激に財政規模が拡大した。昭和四十年度を一〇〇とした指数でみた昭和五十四年度の財政規模は、発電所が立地した双葉町、大熊町では二六〇〇を超え、福島県内全町村平均一〇二七を大幅に上回っている。

発電所立地市町村の財政規模が拡大した要因として、『必要性』は電源三法交付金[1]と固定資産税の税収をあげている。

双葉郡では、表3―2に見るように、福島第一原発の建設に伴い、立地市町村の歳入に占める

表3-2　電源三法交付金と歳入決算総額に占める割合

（単位：千円、%）

年度（昭和）	49		50		51		52		53		54	
	金額	歳入比率	金額	歳入比率	金額	歳入比率	金額	歳入比率	金額	歳入比率	金額	歳入比率
＊広野町	0	-	184,081	20.5	112,964	11.5	126,130	12.3	401,833	27.5	388,601	27.5
＊楢葉町	78,095	7.6	343,441	28.5	214,313	16.3	377,400	21.2	861,678	34.2	1,469,119	46.2
＊富岡町	56,990	4.1	76,550	5.1	94,461	5.3	91,741	4.8	318,375	11.8	556,539	19.3
＊大熊町	44,586	3.8	339,923	15.9	217,322	10.4	177,144	6.8	311,136	10.2	223,742	7.2
＊双葉町	82,550	9.3	374,613	33.4	260,427	20.6	386,068	25.3	569,896	28.9	479,838	17.4
計	262,221	5.1	1,318,608	19.2	899,487	12.1	1,158,483	13.1	2,462,918	21.1	3,117,839	23.4
備考（発電所の着工状況）	既着工第一原発①〜④（大熊町）、⑤〜⑥（双葉町）		第二原発①（楢葉町）				広野火発①，②（広野町）		第二原発②（楢葉町）			

注1　＊は発電所立地町を示す。
注2　備考欄の○内の数字は各号機、（町名）は立地町を示す。

資料：福島県企画調整部調

出典：『電源地域の恒久的な振興を目指す特別立法の必要性について』17頁

電源三法交付金の割合が急速に伸びている。

また、発電施設にかかる固定資産税は、市町村税であり、発電所が立地した市町村の税収となる。大熊町に所在する1～4号機は計二八一万二〇〇〇キロワットで、これらに伴う固定資産税は昭和五十二年度以降一〇億円を超え、電源三法交付金と合わせると昭和五十年度以降、歳入の五～六割を占めるほどになっている（表3―3）。

『必要性』は、以上のように電源立地に伴う財政効果を説明したうえで「以上の市町村財政への波及効果ないし好影響も、次に掲げるような点が今後解決すべき課題ないし問題点として指摘できる」として、次の①～③の三点をあげる。

①急激に拡大した財政規模が縮減する

電源三法交付金は、交付期間（着工年度から運転開始五年後まで）が終了するとゼロになる。また、固定資産税は、固定資産の減価償却（第2章1）に伴い、税収が急減する。

②増大する施設の維持管理費

電源三法交付金によって整備した主な施設の維持管理費が、表3―4に示すように、年間三億二〇〇〇万円と見込まれており、これは町村財政の圧迫要因となる。

③安定的な財源措置を講ずる必要がある

電源立地に伴い、電源地域町村の財政は、急激にその規模を拡大するが、交付期間の終了によって財政規模が激減するので、安定的な財源措置を講ずる必要がある。

表 3-3　大熊町の財政規模（歳入決算額）に占める電源立地の効果について

（単位：千円）

年度（昭和）	財政規模（歳入決算額）A	大規模償却資産（発電所）による固定資産税収入額 B	B/A	普通地方交付税額（歳入に占める割合）	電源三法交付金 C	C/A	(B+C)/A	備考（発電所の運開状況）
35	57,375	—	—	18,986（0.33）	—	—	—	
40	112,181	—	—	51,555（0.46）	—	—	—	
45	418,635	—	—	92,033（0.22）	—	—	—	第一原発 1 号機（46.3）
46	429,577	—	—	95,105（0.22）	—	—	—	
47	551,428	149,820	0.27	31,392（0.06）	—	—	0.27	
48	825,235	134,156	0.16	65,167（0.08）	—	—	0.16	
49	1,180,459	247,226	0.21	2,074（0.00）	44,586	0.04	0.25	第一原発 2 号機（49.7）
50	2,131,640	900,161	0.42	0（0.00）	339,923	0.16	0.58	第一原発 3 号機（51.3）
51	2,088,442	792,052	0.38	0（0.00）	217,322	0.10	0.48	
52	2,610,799	1,053,145	0.40	0（0.00）	177,144	0.07	0.47	
53	3,038,136	1,310,602	0.43	0（0.00）	311,136	0.10	0.53	第一原発 4 号機（53.10）
54	3,100,267	1,324,331	0.43	0（0.00）	223,742	0.07	0.50	

注 1　財政規模（歳入決算額）、普通地方交付税額等は。市町村財政年報による。
注 2　大規模償却資産にかかる固定資産税額は、大熊町照会による。
注 3　電源三法交付金額は、県企画調整部調による。
注 4　備考欄の（）書数字は、各号機の運転開始年月（昭和）を示す。

出典：『電源地域の恒久的な振興を目指す特別立法の必要性について』18 頁

以上が、『必要性』の要旨である。雇用効果も財政効果も一時的にすぎないこと、長期的には町村財政を圧迫することを立地町村のデータを用いて明らかにしている。しかし、福島県が『必要性』で訴えた特別立法は実現しなかった。

財政効果に関して、『必要性』は触れていないが、法人住民税にも言及しておきたい。法人住民税の法人税割は国税である法人税の額の一定割合（標準税率は道府県民税五%、市町村民税一二・三%）として額が算出されるが、進出企業の本社などが他の自治体にある場合、従業員数に応じて比例配分される仕組みになっている。たとえば、立地市町村に一〇〇人の従業員がいる企業の場合、東京本社など他の市町村に九九〇〇人の従業員がいれば、法人住民税の法人税割の九九%は東京等に吸い上げられ、立地市町村には一%しか入らない。つまり、本社が大都市に、発電所が地方にあるような電力会社の場合、法人住民税の多くは本社のある大都市に吸い上げられ、発電所が立地する地元自治体にはわずかしか入らないのである。[2]

(2) 原発の立地効果は麻薬と同じ

電源三法交付金制度は、『必要性』から二十二年後の二〇〇三年にようやく改正され、交付金の使途が地場産業振興、福祉サービス提供事業、人材育成等のソフト事業へも拡充されたものの、雇用効果も財政効果も一時的であるという基本的性格は変わっていない。

雇用効果について付言すれば、発電所の運転開始以降、地元雇用を支えているのは発電所の定期点検である。定期点検は、一基だけであれば二年に三カ月程度しか仕事がないが、八基あって

表 3-4　三法交付金充当の施設に係る維持管理費調べ（双葉郡）

昭和 55 年 8 月調

施設区分	施設内容	整備施設数	維持管理費（千円）
1. 教育文化施設	1. 幼稚園	7	70,168
	2. 公民館	8	25,636
	3. 歴史民俗資料館	1	629
	4. 学校関連施設（寄宿舎・教員住宅）	2	5,815
2. 社会福祉施設	1. 保育所	3	60,291
3. スポーツ又はレクリエーションに関する施設	1. 体育館	4	1,500
	2. 総合グラウンド	3	15,000
	3. 野球場	2	12,000
	4. その他（健康増進センター）	2	21,363
4. 消防に関する施設	1. 消防自動車	7 台	300
	2. 消防屯所	12 棟	1,042
	3. 小型消防ポンプ	16 台	632
	4. 防水水槽	31 基	1,000
	5. 消火栓、ホース格納施設	ボックス 245、車庫 6	160
5. 水道施設	1. 上水道、簡易水道施設	4 事業	40,141
6. 医療施設	1. 診療所	1	51,540
7. 通信施設	1. 防災広報行政無線施設	2	1,000
8. 農林水産業に係る共同利用施設	1. 鮭採捕場、増殖場	3	2,000
	2. 用水施設	8	10,100
合　計			320,317

資料：市町村照会による。

出典：『電源地域の恒久的な振興を目指す特別立法の必要性について』21 頁

時期をうまく調整すれば、常時仕事があるようにできる。そのことが、原発の増設を認める力学として働く。地元雇用を継続するには、同じ地域にあいつぐ増設を認めたほうがよいということになるからだ。

財政効果についても同様である。一基だけであれば、固定資産税は法定耐用年数(原子力十六年、火力十五年)の間に減価償却されて残存価額にかかるだけになり、電源三法交付金は、建設開始から運転開始後五年後まで交付されるから、おおむね十二年間程度で交付は終わる。しかし、あいついで増設を認めれば、固定資産税も電源三法交付金も数十年間にわたって継続的に見込めることになる。

要するに、雇用効果も財政効果も一時的であるがゆえに、地元に増設を認める力学が働くのである。

そして、それ故にこそ、恒久的振興につながるような政策がとられることがなかったといえる。もしも恒久的振興が実現すれば地元市町村が増設を拒むようになるからだ。地元に増設を受け入れさせるために、効果を一時的にとどめるようにされているのである。

原発に雇用効果や財政効果がないわけではない。しかし、その効果は一時的であるだけでなく、増設を受け入れさせ、地元の原発依存を強めていくような効果である。

長期的に見れば、原発依存が強まる一方で、地域が地域の自然を活用して自立的に生きる力が損なわれ、地域が蝕まれていく。

原発による効果は麻薬の効果と全く同じである。

2　原発と漁民・住民

(1)　電力会社に物をいえない

原発推進は国策として進められてきた。そのうえ、地元に一定の雇用効果、財政効果があり、しかも、それらの効果が一時的であるが故に、将来さらに原発依存を強めていかざるを得ない状況がある。そして、地域が原発依存を強めれば強めるほど、住民が電力会社に物がいえないような状況がつくられていく。

物がいえないのは住民ばかりではない。立地市町村の首長も国や県に対して、なかなか物がいえない状況がつくられていく。誘致を決定した時点の首長ならやむを得ないとしても、いったん立地すれば、以後歴代の首長がそのような状況を強いられることになる。

それどころか、首長が住民の生命・安全を守るために発言をした場合にも、それが受け止められることはない。

日本における原子力研究発祥の地であり、原子力にかかわるあらゆる施設が立地する茨城県東海村の村上達也村長は、一九九九年に起きた国内初の臨界事故の際、いち早く周辺住民を避難させるなど陣頭指揮にあたった方で、一貫して「村民の安全を守るため」を最大目標として村政にあたっておられるが、村民の安全を守るために「当たり前のことを県の原子力審議会でいえば、あれ（村上）は厳しいだとか、変わっている、異常だとかいわれる」という。また、意見を言っても、委員が二五人いる原子力審議会のなかで、少数意見として片づけられてしまうという。[3] 最も被害を受ける立場にある当事者の意見とそれ以外の者の意見とを同等に扱う「多数決による暴力」が当事者の意見を封じ込めているのである。

電力会社は地元の住民・漁民に対して傲慢であり、その声に耳を傾けようとする姿勢は皆無に近い。

筆者も電力会社の傲慢さを痛感したことがある。揖斐川漁民とともに中部電力と交渉を持った際、漁民たちは、中部電力が造った魚道のないダムのためにダム上流に魚が昇らず漁獲減に苦しんでいることから、「魚道を設けてほしい」と要求した。ダム建設に伴う補償は、ダムサイトを漁場に含む漁協の組合員に対してだけなされ、ダム上流漁民には一切支払われていなかった。ところが、その要求に対し、中部電力は「ダムに魚道がないのでダム上流に魚は昇らない。しかし、ダム上流に漁業被害はない」との理不尽きわまる答弁で終始押し切ったのであった。

傲慢な対応どころか、物をいう政治家が政治的に抹殺されることもある。

福島原発に関し、東京電力や国にも直言を重ね、「闘う知事」として福島県で絶大な人気を誇っていた佐藤栄佐久元福島県知事は、建設会社からの収賄容疑で逮捕され、起訴された。公判では有罪とする根拠がすべて崩れたが、高裁判決は「収賄額ゼロの有罪」という世にも奇妙な判決となった。収賄の容疑は晴れたものの、そのときには佐藤栄佐久氏は既に政治生命を失っていた。[4]

権力者には物がいえない。物をいえば、変人扱いされたり、政治的に抹殺されたりする。残念ながら、これが日本社会の現実である。

(2)　原発と漁民

電力会社は、発電所を立地する際には、漁業権者の同意が必要なので漁民との交渉に低姿勢で臨むこともある。

しかし、漁業の免許を受けて権利であることが明確な「漁業権漁業」についてはともかく、免許を受けていない漁業を営む漁民に対しては強圧的であり、往々にして、その権利を無視しようとする。また、漁業権漁業についても、推進派漁民とともに原発立地が可能になるような操作を行なってくる。

以下、そのような事例を二つ挙げる。

【島根原発3号機と「のり島の権利」】

一つの事例は、中国電力による「のり島の権利」の侵害である。

島根県松江市片句地区は、中国電力島根原発に隣接した地区である。片句地区には「宮崎鼻」という岬があり、そこでは岩のりを初めとした海草を採取できる。地元では、そのような岩のり採取を行なう岬を「のり島（のりじま）」と呼び、岩のり採取の権利を「のり島の権利」、その権利者を「のり島権利者」と呼んでいる。

中国電力は、島根原発2号機増設の際には、片句地区の「のり島権利者」と交渉を持ち、補償契約を交わして補償を支払ったが、3号機増設にあたっては、当初、宮崎鼻全体を島根原発の敷地に組み込む計画を立て、「のり島権利者」と土地の売買交渉を行った。ところが、その交渉が不調に終わるや、中国電力は、3号機増設に賛成する「のり島権利者」に補償する一方、3号機増設に反対する「のり島権利者」を無視して3号機増設工事に取り掛かった。そのため、増設反対の「のり島権利者」は埋立関連工事差止の仮処分に踏み切った。

筆者は、この訴訟の漁民側より意見書を求められ、「のり島の権利」は「慣習法上の漁業権」であり、「陸地における入会漁業権」である旨の意見書を書いた。(5) 本書では意見書の内容を詳しく紹介することはできないが、意見書の見解は仮処分決定においても認められた。(6) しかし、他方で、漁民側から「温排水とのり被害の因果関係はよくわからない」旨の別の意見書が出ていたため、それが仮処分決定に利用されて埋立工事差止にはつながらなかった。(7)

しかし、中国電力は、宮崎鼻における3号機増設に賛成する「のり島権利者」に補償していたし、3号機の温排水の排出口から宮崎鼻よりも遠くに位置している他の岬における「のり島権利者」にも補償していたのである。補償したのは「のり島の権利」が侵害されるからであり、であるならば、宮崎鼻における3号機増設に反対している「のり島権利者」にも補償しなければならないはずである。

中国電力が「権利の侵害はないが恩恵的に補償した」ということはできない。何故なら、補償金は電気料金に含まれることになるが、電気料金は公共料金として経済産業大臣の認可が必要であり、法的に無駄な支出は一切許されないことになっているからである。「財産権の侵害」の実態がなければ補償することは許されないのであるから、補償したということは「財産権の侵害」を認めたということにほかならない(8)。

島根原発3号機増設工事は福島原発事故で中断しているが、もしも宮崎鼻における3号機増設に反対している「のり島権利者」に補償されないまま3号機から温排水が排出されるとしたら、明らかに憲法上許されない「財産権の侵害」が堂々と行なわれることになるのである。

以上の経緯は、中国電力が地域に癒し難い対立をもたらしていることを意味する。入会権の主体である入会集団は、内部的には全員の同意を得たうえで、対外的には集団として一つの意思表示をする性質を持つ（入会権者総員一致の原則）。にもかかわらず、中国電力が増設に賛成する「のり島権利者」にのみ補償金を支払ったということは、片句地区の住民たちに分断と対立をもたらしたということである。

【上関原発と漁業権】

二つ目の事例は、中国電力上関原発における漁民の権利の侵害である。

漁業は、漁業の免許を受ける漁業権漁業（共同漁業、定置漁業、区画漁業）、漁業の許可を受ける許可漁業（まき網や底引き網など動力を備えた船で網を引く漁業）、免許も許可も要しない自由漁業（一本釣りや延縄などの釣り漁業）の三種に分類されるが、上関原発工事の埋立予定海域には、四代漁協単独の共同漁業権に加え、祝島漁協など八漁協共有の共同漁業権が設定されており、さらに祝島漁民の許可漁業・自由漁業も営まれていた。

免許は「権利の設定」を意味するから免許を受ければ権利になるが、許可は「禁止の解除」（一定の行為の一般的禁止を特定の場合に解除すること）を意味するにすぎないから、許可に基づいて権利になることはない。しかし、許可に基づいて許可漁業が営まれ、その実態が続けば、実態（慣習）に基づいて「慣習法上の権利」に成熟していく。[9] 自由漁業も同様である。

祝島漁民たちの許可漁業・自由漁業は数十年も営まれ続けており、十分に権利にまで成熟している。それは、「慣習法上の漁業権」であり、財産権であり、それを侵害するには、権利者たる漁民の同意及び漁民への補償が必要である。

他方、共同漁業は、免許は漁協になされるものの、関係地区（地元の漁村部落）に住む漁民がそれを営むという、特殊な性格を持つ漁業である。その権利者をめぐっては、長年、「社員権説」（免許を受ける漁協が権利者であるという説）と「総有説」（共同漁業を営む漁民が権利者であるという説）の争いがあるが、共同漁業を営まない漁協が「共同漁業を営む権利」である共同漁業権を持つはずはない。また、漁業法が平成十三年に改正され、現在の漁業法三一条は、明らかに社員権説では説明できない条文になっている。[10] したがって、八漁協共有の共同漁業権を侵害するには、本来、関係地区に住む漁民全員の同意が必要であるが、社員権説に基づく場合にも、「共有の権利」を侵害するには共有者全員の同意が必要であるから、八漁協すべての同意が必要である。

以上のことからすれば、祝島漁民及び祝島漁協が強力な反対運動を続けるかぎり、上関原発をつくることは明らかに法的に不可能であった。

ところが、中国電力と原発推進派漁民は、長年の間に次の①～③のような手を打ち、また、それを裁判所が法を曲げてまで支持した。

①漁場区域の変更と共同漁業権管理委員会の設置

まず、八漁協共有の共同漁業権については、もともと八漁協共有の共同漁業権の漁場区域と各漁協が単独で保有する共同漁業権の漁場区域が重複して設定されていたが、一九九四年の共同漁業権の切替え[11]にあたり「各地先漁協から権利関係が複雑になるなどの意見が出たため」との理由で、重複をなくし、各漁協の地先漁場については、地元の各漁協が単独で保有する共同漁業権のみの漁場とした。

この結果、上関原発の埋立予定海域には、八漁協共有の共同漁業権は存在しなくなり、四代漁協が単独で保有する共同漁業権のみが存在することとなった。

とともに、八漁協共有の共同漁業権に関して八漁協間で行使契約を締結し、これに基づき各漁協の代表者八名によって構成される共同漁業権管理委員会を設置した[12]。

②補償契約締結は「漁業権の管理」にあたるとした

埋立予定海域を八漁協共有の共同漁業権の区域から外しても、原発からの温排水に伴う影響が八漁協共有の共同漁業権の区域にも及ぶから、なお、祝島漁民や祝島漁協の反対を無視して埋立工事を進めることはできない。

そこで、原発推進派漁民は、補償契約締結は「共同漁業権の管理」行為に属するとして、補償金を共同漁業権管理委員会が一括して受領し、その後各漁協に配分することとした（祝島漁協は受領を拒否）。「共同漁業権の管理」は、行使契約に基づき共同漁業権管理委員会において八漁協の多数決で行なうことになっていたので、祝島漁協だけが反対しても、他の七漁協の賛成により多数決で決められるからであった。

しかし、漁業補償は、漁場の監視や漁業権の行使方法の決定などを行なう「漁業権の管理」とは何の関係もなく、「漁業権の侵害」に対して支払われるものである。したがって、補償契約締結は、社員権説に基づいたとしても、共同漁業権管理委員会における多数決で決められず、共同漁業権の共有者である八漁協すべての同意を得たうえで行なわなければならない。

ところが、裁判において、祝島漁民側は、補償契約は「漁業権の変更」にあたると主張した。「漁業権の変更」は、漁業権の内容たる魚種や漁場区域の変更をいうのであって、補償契約締結とは何の関係もない。

そのため、裁判では、補償契約締結は「漁業権の管理」にあたるとする中国電力と「漁業権の変更」にあたるとする漁民側の、いずれも誤った主張の間で論争が繰り広げられ、山口地裁岩国支部平成十七年九月二十九日判決は、「漁業権の変更」という主張を斥け、中国電力側に軍配を挙げたのであった。

しかし、温排水により水揚げが減ることは「漁業権の侵害」にあたる。(13) 八漁協共有の共同漁業権を侵害し、それが「財産権の侵害」にあたるからこそ、中国電力は四代漁協以外の漁協にも補償金を支払ったのである。

二〇一〇年五月十一日、上京した上関原発反対運動の市民とともに行なった水産庁交渉において、「補償契約締結は、『漁業権の管理』にも『漁業権の変更』にもあたらず、『漁業権の侵害』にあたる事項ですね」との筆者の見解に水産庁も同意した。

③許可漁業・自由漁業についても共同漁業権管理委員会への補償ですむとした共同漁業権の侵害に伴う漁業補償を漁協が請求・受領・配分する場合には、共同漁業を営んでいて損害を被る組合員から委任状ないし同意書を取っておかなければならない。これは、水産庁通達で示されていることである。[14] 組合員からの委任状ないし同意書は、原則的には事前に取っておくべきであるが、実際には、補償金の配分の受領を通じて事後的に取る場合が多い。

免許を漁協が受ける共同漁業の場合も損害を被る組合員からの委任状あるいは同意書が必要とされているということは、いいかえれば補償を受ける者は組合員とされているということである。したがって、ましてや権利者が漁民自身であることに疑いの余地がない許可漁業・自由漁業の場合には、権利の侵害に伴う補償を漁民自身が受領することは明白である。

上関原発の裁判において、筆者は「許可漁業・自由漁業の補償を受ける者」に関して祝島漁民側から意見書を依頼され、山口地裁岩国支部に提出した。平成十七年九月二十九日の一審判決では、意見書通り、「許可漁業・自由漁業を営む漁民は、共同漁業権管理委員会と中国電力が締結した補償契約によっては拘束されず、埋立工事を受忍する義務はない」と判示された。そのため上関原発工事は、約一年三カ月にわたって中断した。

ところが、平成十八年十二月二十六日の広島高裁二審判決は、二つの理由で「共同漁業権管理委員会が補償金を受領すれば済む」とした。

第一に、漁協や共同漁業権管理委員会が許可漁業・自由漁業についても関与してきたという理由である。関与の例として、判決は、「許可漁業の許可申請を漁協が代行している」、「漁協や共同漁業権管理委員会が許可漁業・自由漁業を含め、組合員間の漁業を調整している」の二点を挙げている。

しかし、関与したからといって権利者が替わるわけではない。たとえば、申請を代行したからといって権利者が代行者に替わるわけではない。もしもそうなるならば、代書屋さんに依頼する者は皆無になってしまい、代書屋という職業が成り立たなくなってしまう。また、権利を調整したからといって調整者が権利者になるわけではない。権利者はそのままで権利間の調整をするから「調整」というのであって、調整者が権利者になるのであれば、調整を依頼する者は皆無になってしまう。したがって、共同漁業権管理委員会が関与してきたからといっても、権利者が漁民であり、補償を受ける者が漁民であることには何の変わりもない。

第二に、公共事業の実施に伴う漁業制限などについて、従来から共同漁業権管理委員会が事業者と協議決定してきたが、それについて各漁協や各組合員から異議が述べられることはなかったという理由である。

しかし、従来は、共同漁業権管理委員会が事業者と協議決定することに関し、漁協が補償金の請求・受領・配分をする場合と同様、補償金の配分を受領することを通じて、事後的に組合員の同意が得られていたのである。上関原発に関しては、祝島漁協が補償金の配分の受領を拒み、したがって、祝島漁協組合員も配分を受領していないのであるから、従来のケースと同一視することができるはずはない。

したがって、許可漁業・自由漁業に関しては、あくまでそれらを営む漁民が補償金を受領しない限り、補償がなされたことにはならないのである。

漁業権は財産権である。許可漁業・自由漁業が「慣習法上の漁業権」に成熟した場合にも、それは財産権である。財産権は、その権利者の同意を得、権利者に補償がなされない限り、それを侵害することは違法である。

(3)　原発と住民

原発は漁民の権利を無視し、侵害するだけではない。住民が地域で当然行ないうる行為をも制限しようとする。以下、上関原発の事例を紹介する。

海浜や海面は公共用物である。公共用物とは、「公共の福祉の維持増進を目的として一般公衆の共同使用に供されるもの」であり、海浜を自由に散歩したり、海面で自由に海水浴できるのも、それらが公共用物だからである。海浜での散歩や海水浴のような一般公衆の共同使用を「公共用物の自由使用」といい、公共用物の使用は自由使用を大原則とする。

公共用物を人為的に公共用物でなくするには公用廃止行為が必要である。「公用廃止行為」とは、「公共用物が公物としての機能を失い、当該公物を公共の用に供する必要がなくなった場合、公物としての性質を喪失させる行政行為[15]」であり、埋立の場合の公用廃止行為は竣功認可（埋立が完成して海面が陸地になったことを認める知事の認可）である[16]。つまり、海浜も海面も竣功認可がなされるまでは公共用物であり、一般公衆の共同使用に供さなければならないのである。

ところが、中国電力は、埋立免許を得たことによって、埋立施行区域内の海浜・海面において埋立工事の妨害行為を排除できるようになったと主張し、裁判所もまた、この主張を認めた(17)。この判決を根拠として、中国電力は、埋立施行区域内の他の一切の使用を排除しようとしている。

しかし、埋立免許は公用廃止行為でなく、埋立免許が出されても埋立施行区域内の海浜・海面は依然として公共用物のままである。そのことは、埋立免許を得ても漁業権者等に補償しなければ工事に着工できない旨規定した公有水面埋立法八条一項に示されている。埋立免許が出ても、埋立施行区域内において漁業などの使用が自由になされ得るからこそ、補償しなければ着工できないとの規定が設けられているのである。

大審院昭和十五年二月七日判決も「埋立免許自体により直ちに当該水面の公共用を廃止する効力を生じない」と判示している。また、公有水面埋立法の唯一の解説書である山口眞広・住田正二『公有水面埋立法』も、「埋立免許は、直ちに当該水面の公共の用に供せられる性質を廃止するものではなく、したがって、当該水面が埋立の進捗により水面たる性質を失うに至るまでの間は、当該水面につき、一般公衆による自由な使用が行なわれる」としている(18)。さらに、国交省もまた、二〇一〇年五月十一日、上京した上関原発反対運動の市民とともに行なった交渉において、大審院昭和十五年判決を認め、埋立免許が出てもなお海浜・海面を自由使用できることを認めた。

ところが中国電力は、二〇一〇年から二〇一一年にかけて数次にわたり、判決を読み上げながら、海浜・海面で一切の自由使用を排除して工事を強行しようとした。それに対して、祝島漁民などの漁民及び住民が海浜・海面を自由使用できることを主張し、小中進元県議がハンドマイクで「竣功認可がなされるまでは公共用物」であることを大審院判例や国交省見解や公有水面埋立法八条一項を引きながら説明した。

上関原発工事は、以上のように、住民の行為を違法に制限しようとする中国電力の行為に対する住民・漁民の必死の抵抗によって押し止められてきたのである[19]。

以上の経緯は、原発を進めるためには、電力会社は違法行為を犯してまでも地域住民の行為を制限しようとすること、及び、裁判所もまた、法を曲げてまでそれを支持することを意味している[20]。

しかし、大審院判例にも国交省見解にも明らかに反し、公有水面埋立法の条文すら説明できない判決で住民・漁民が納得するはずはない。平易に説明すれば誰にでもわかる違法行為を裁判所が支持するようでは、法治国家の根幹が揺るぎかねないと言わざるを得ない[21]。

漁民の権利を無視したり、住民の行為を違法に制限したりするということは、地域の住民・漁民が地域の自然資源を活用して生きていくことを妨げるということ、つまり原発は地域社会を破壊するということである。

第4章　脱原発社会を如何に創るか

1　脱原発は必要かつ可能である

脱原発は必要かつ可能である。以下、その理由を八点にわたって挙げる。

(1)「安全な原発」はあり得ない

福島原発事故が起きてもなお、原発推進派は「安全な原発を推進する」と主張している。それに対して、脱原発派は「安全な原発はあり得ない」と主張する。どちらも結論だけをぶつけることが多く、議論は平行線をたどりがちである。

筆者は「安全な原発はあり得ない」と考える。その論拠は主として二つある。

一つの論拠は、安全性と経済性の二律背反である。

より多くの費用をかけて対策を施せば安全性を高めることはできる。しかし、安全性を高めるには費用がかかるから経済性は低下する。しかも、安全性を一％だけ高めるための費用は、安全性が高くなればなるほど、次第に、かつ急速に増加していく。六〇％の安全性を六一％に高めるための費用はそれほど増えないが、九八％を九九％に高めるための費用は莫大になる。

浜岡原発を例にとれば、福島原発事故後、中部電力は防潮堤の高さを予定より六メートル高めて一八メートルに変更した。しかし、一八メートルで十分とは誰も断言することはできない。防潮堤を高めることで津波が防潮堤を超える確率を低くできるのは確かであるが、確率をゼロにすることはできない。

五〇メートルの防潮堤ならば、大規模な地殻変動に対してならともかく、津波に対しては万全かもしれない。しかし、そんな防潮堤を築くには費用がかかりすぎて経済性が成り立たない。それゆえ、中部電力は、安全性と経済性の双方をにらみながら、一八メートルと決めたのである。

安全性と経済性は二律背反であり、安全性を高めれば経済性は低下し、経済性を高めれば安全性は低下する。安全性と経済性の双方をにらみながら判断するということは、いいかえれば、経済性に基づいて安全性を一〇〇％未満のどこかで切るということである。安全性をどこかで切らなければ何も造れないのである。

したがって、人間の行なうあらゆる事業が一定の経済性を求められる以上、一〇〇％の安全性はあり得ない。

「安全な原発はあり得ない」の二つ目の論拠は経年劣化である。

あらゆる機器や設備は、時間の経過とともに必ず経年劣化する。家電や車は大体十年程度、長くても二十年で買い替えなければならなくなるのは周知のことである。

原発も経年劣化の例外ではあり得ない。それどころか、中性子を浴び続ける原発は家電などよりも激しく劣化していく。にもかかわらず、少しでも長く使いたいためか、原発の耐用年数は、家電などよりも長く、一般に三十年といわれている。

福島第一原発事故は、運転開始後四十一年後に起きた。三十年目を迎えたときに四十年に延ばされ、四十年目を迎えたときに、驚くべきことに六十年に延ばされた。経済性が優先されての延期である。そして、四十一年目に事故が起きた。

世界の一三〇の廃炉済み原子炉の運転年数は、平均二十二年、また稼働中の四三七の原子炉の運転年数の平均値は二十六年であり、四十年を超えて運転している原発はほとんどない（図4―1、図4―2）。

運転開始後、何年運転し続ければ事故が起きるかは神のみぞ知ることである。しかし、何年間運転し続けるかを判断するのは、神でなく、その時々の電力会社の経営陣である。電力会社の経営陣が正しい判断をする保証はどこにもなく、採算を重視すればするほど長期の運転を選ぶことになる。したがって「安全な原発」はあり得ないのである。

以上のように、経済性で安全性を切ること、及び経年劣化が避けられないことから、「安全な原発」はあり得ない。

「あらゆる機器や設備も同じ」との反論があるかもしれない。それはその通りである。しかし、いったん事故が起きた時に人間が近づけなくなるような設備は原発だけである。放射能が生命と共存できないからである。事故が起きたときに人間が近づけなくなる状態に陥る原発は、他の機器や設備とちがって、そもそも造ってはならないのである。

「飛行機も事故があることを知りながら乗るではないか」との反論も耳にする。しかし、飛行機は、事故が起きた場合の被害者は受益者と同一であり、受益者は事故の可能性を覚悟したうえで自ら選択した結果被害者になるのに対し、原発は、自ら選ぶ機会がないにもかかわらず被害者になってしまう。したがって、両者を同一視できないことは明らかである。

図4-1　世界の廃炉済み原子炉の運転年数

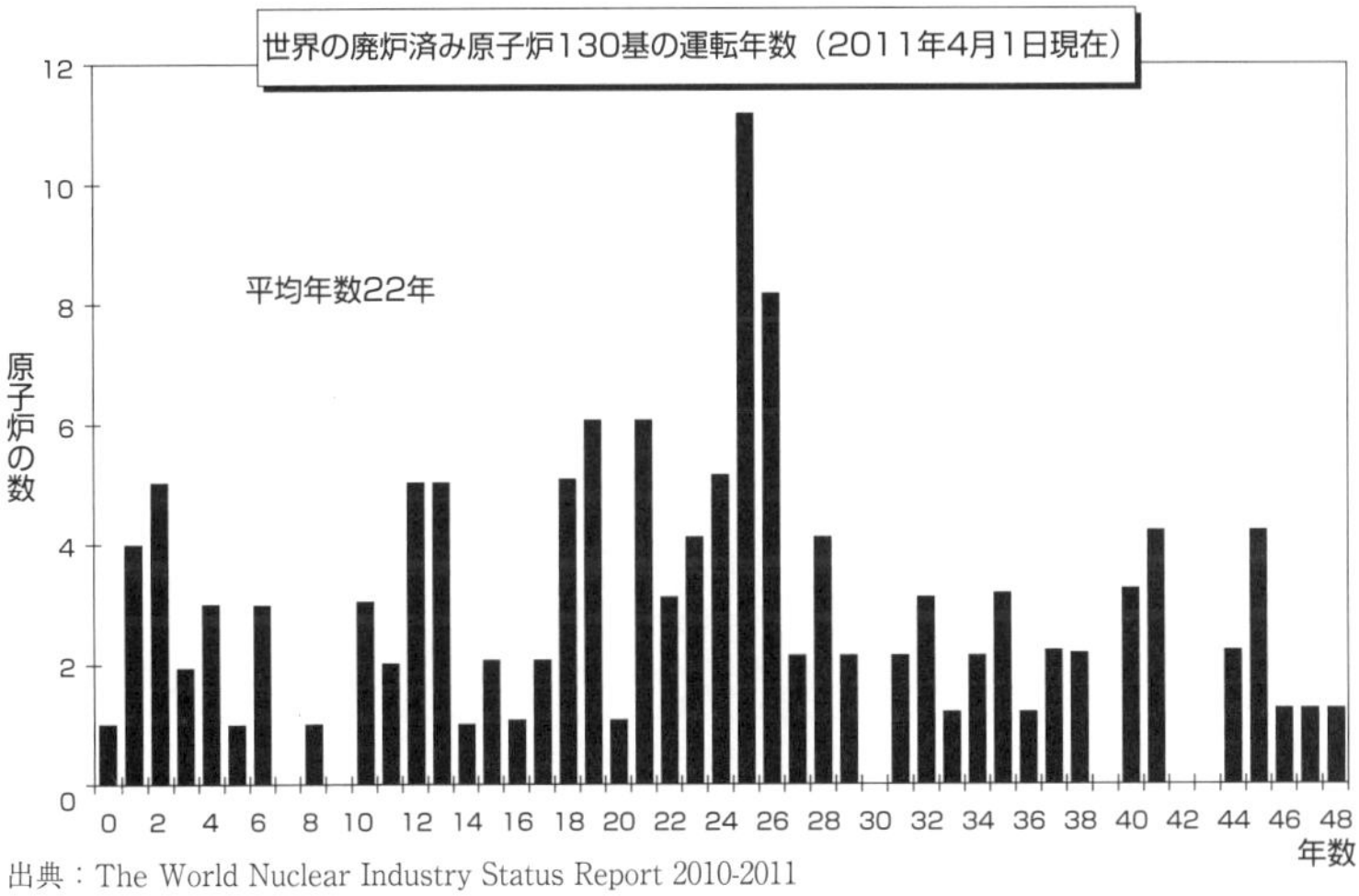

出典：The World Nuclear Industry Status Report 2010-2011

図4-2　世界の稼働中原子炉の運転年数

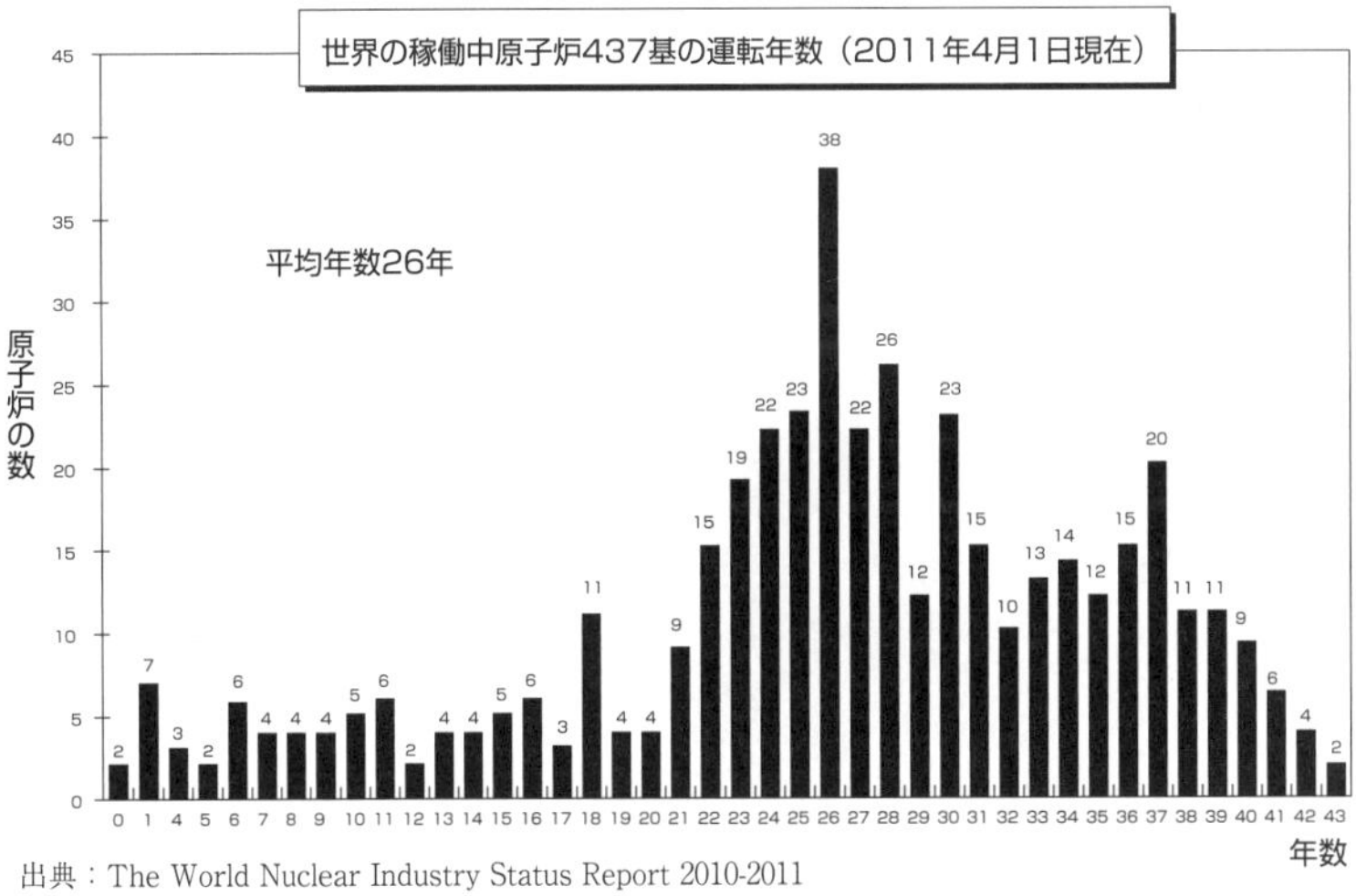

出典：The World Nuclear Industry Status Report 2010-2011

(2) 原発には差別が不可避

原発には差別が不可避である。

一つの差別は被曝労働者への差別である。

原発での労働は、放射線防護服や防護マスクを着用して行なわれる。それらを着用していても被曝は避けられないが、そのうえ、防護服はわずかな衝撃でも破れてしまう。防護マスクを着けると、汗でマスクが曇るうえ、息苦しさと暑さで作業能率が落ちるため、マスクを外す人も多いという。

被曝労働をするのは電力会社の社員ではない。今では「協力会社」と呼ばれるようになった下請けや孫請けの社員が多い。被曝したり怪我をしたりしても、会社が元請け業者や電力会社に気兼ねして握りつぶしてしまい、表に出ないことが多いという。

加えて、東京の山谷、横浜の寿町、大阪の釜ケ崎など、いわゆる寄せ場から集められてきた日雇い労働者も多い。寄せ場の労働者は家族関係を断ち切っている人が多いので、被曝して死亡しても問題にされることが少ないからといわれている。労働者の斡旋に介在した暴力団に賃金がピンはねされ、暴力団の資金源に回っていることも指摘されている。

被曝労働を強いられるのは原発だけではない。ウラン鉱の採掘にはじまって、ウランの精錬・転換・濃縮、使用済み燃料の貯蔵・再処理、放射性廃棄物の貯蔵など採掘から処分までのあらゆる過程で被曝労働が避けられない。

表 4-1　電源三法交付金の交付限度額

発電用施設	kW あたりの単価	係数
原子力	550 円 （750 円）*1	7
地熱・火力	550 円 *2 （750 円）*3	3 （石炭火力 4）
水力	250 円	5

*1　平成 22 年度までに着工する施設に対する特例単価で、特に必要と認められる場合に適用。
*2　工業再配置促進法を廃止する法律の施行日前に指定されていた誘導地域または工業集積度が 1 未満の市町村に適用。
*3　*2 以外の地域に適用。

二つ目の差別は、電力需要地域の供給地域に対する差別である。

東京電力の原発は福島県と新潟県に立地している。両県は東京電力から電力の供給を一切受けていないにもかかわらずである。同様に、関西電力の原発も北陸地方の福井県に集中立地している。

原発が当該電力会社の電力の供給を受けていない遠隔地に立地しているのは、原発が危険だからである。福島原発事故のような事故が関東地方や関西地方で起きたら、東京や大阪の人間が困るからである。「東京や大阪の人間が困るから」とは、東京や大阪の人口が多いからだけではない。この国の権力者の多くがそこに住んでいるからである。

電源三法交付金には、電源の種類ごとに交付限度額が決められている。交付限度額は、電源ごとに、出力（kW）に一kWあたりの単価及び係数をかけて算出される（表4―1）。たとえば、四万kWの水力発電への交付限度額は、四万×二五〇×五＝五〇〇〇万円となる。

表4―1をみれば、電源毎の危険性や汚染の程度は明白であ

る。原発の係数が高いのは危険だからであり、石炭火力の係数が高いのは汚染をもたらすからである。

三つ目の差別は、後の世代に対する差別である。需要地域の供給地域に対する差別が空間的差別であるのに対し、これは時間的差別である。

原発は、低レベル放射性廃棄物や高レベル放射性廃棄物を伴ううえ、原子炉自体が廃炉となって巨大な放射性廃棄物となる。フィンランドが高レベル放射性廃棄物を十万年も管理することが示すように、放射性廃棄物は後の世代に莫大な負の遺産を押し付ける。意思表明の機会のない後の世代に負の遺産を押し付けることは、差別であるばかりか犯罪ですらある。

足を踏まれた者の痛みは、踏んだ者にはわからない。被差別者の痛みに我が心を痛め、被差別者の声に耳を傾けようとする差別者は稀である。

そして、差別のあるところ、必ずや事故や災害が起こりがちになる。差別者が被差別者の健康や生命を軽視するため、対策を怠るからである。

したがって、差別をなくしていくためにも、また、事故や災害を防ぐためにも、脱原発は必要である。

(3) 原発がなくても電気は足りる

では、脱原発をしても果たして電気は足りるのか。

表4―2は、水力と火力の発電設備と最大電力とを国レベルで比較したものである（二〇一〇

年三月現在)。二〇〇五年~二〇〇九年度の最大電力は、いずれも事業用の水力・火力の発電設備よりも小さい。したがって、水力と火力をフル稼働させれば最大電力をまかなえるはずである。

加えて、自家用の水力・火力の発電設備四一九〇万kWがある。自家用発電設備は、高い電気料金への対策として十数年前から企業が導入してきたものだが、電力会社の電気料金が次第に下がってきたために、その半分程度は休眠している。休眠していた自家用発電からの融通をも考慮に入れれば、最大電力は十分にまかなえるはずである。

しかし、国レベルでなく、電力会社の供給区域別にも検討しておく必要がある。電力会社の間でやり取りすることはある程度可能なものの、融通できる電力量に限りがあるからである。

そこで表4—3に、各電力会社の供給区域別の各電力会社の水力・火力及び自家用発電を示した。

二〇〇五~二〇〇九年度の五年間の最大電力から電力会社の水力・火力の発電能力を差し引くと、中部・北陸・沖縄の各電力会社はマイナスになるが、それ以外はプラスになる。電力会社の持つ水力・火力だけでは最大電力をまかなえず、プラス分だけの発電設備が不足するということである。

次に、そのプラス分と各区域別の自家用発電の発電能力とを比較するといずれも自家用発電の発電能力のほうが上回っている。自家用発電をすべて融通してもらえば、不足分はなくなるということである。

しかし、自家用発電をすべて融通してもらうのは難しいかもしれないので、休眠中であった約五割を融通してもらうことにすれば、それで北海道・東北・中国の不足分は十分に解消し、不足は、東京六〇一万kW、関西二九〇万kW、四国二四万kW、九州四五万kWとなる。

以上は、電力会社の水力・火力と自家用発電からの融通分に基づいた算定であるが、さらに卸電気事業者である電源開発の地域別の水力・火力[1]を算定に入れると、四国・九州の不足分は余裕を持って解消し、不足は東京四一四万kW、関西一六九万kWだけとなる[2]。

以上の概算から、原子力をすべてなくして水力・火力だけの供給にしても、東京電力・関西電力以外では不足しないということができる。東京電力と関西電力の不足も、最大電力を東京電力では七%、関西電力では六%程度減らせば解消する程度でしかない。その程度の節電は、「節電のお願い」だけで容易に達成できるはずである。

過去五年間の最大電力がその程度の節電でまかなえるのだから、二〇一一年夏の電力は、原発

表 4-2　発電設備と最大電力（全国）

	水力（kW）	火力（kW）	水力＋火力（kW）	最大電力（千kW） 2005	2006	2007	2008	2009
事業用	45,220,810	142,573,680	187,794,490	177,696	174,984	179,282	178,995	159,128
自家用	2,745,491	39,162,466	41,907,957					
総計	47,966,301	181,736,146	229,702,447					

注 1　電気事業連合会統計委員会編『電気事業便覧平成 22 年版』及び資源エネルギー庁資料より作成。
注 2　発電設備は 2010 年 3 月末現在。
注 3　最大電力は各年度の値。

表 4-3　発電設備と最大電力（供給区域別）

	水力（kW）	火力（kW）	水力＋火力（kW）	最大電力（千 kW）					（５年間の最大電力）－（水力＋火力）（kW）	自家用発電（kW）
				2005	2006	2007	2008	2009		
北海道	1,232,125	4,065,410	5,297,535	5,462	5,461	5,657	5,558	**5,686**	388,465	2,359,528
東北	2,422,381	10,629,650	13,052,031	**15,200**	14,761	15,045	14,738	14,516	2,147,969	7,315,535
東京	8,986,580	38,188,560	47,175,140	60,118	58,058	**61,471**	60,891	54,496	14,295,860	16,568,022
中部	5,218,640	23,903,800	29,122,440	26,680	26,967	27,970	**28,214**	24,327	－	5,050,220
北陸	1,816,700	4,400,288	6,216,988	5,486	5,488	5,580	**5,691**	5,159	－	713,683
関西	8,195,781	16,357,000	24,552,781	**30,870**	30,530	30,665	30,835	28,178	6,317,219	6,844,128
中国	2,905,385	7,800,600	10,705,985	11,500	11,919	**12,285**	12,012	10,714	1,579,015	7,267,782
四国	1,141,346	3,501,000	4,642,346	5,542	5,809	5,931	**5,988**	5,422	1,345,654	2,201,283
九州	2,978,696	11,577,270	14,555,966	16,489	17,541	17,622	**17,714**	16,653	3,158,034	5,407,393
沖縄		1,923,860	1,923,860	1,493	1,524	1,530	1,485	**1,543**	－	108,205
計	34,897,634	122,347,438								53,835,479

注１　資源エネルギー庁資料より作成。
注２　発電設備は 2010 年３月末現在。ただし、自家用発電は 2011 年３月末現在。
注３　最大電力は各年度の値。５年間の最大電力を太字にした。
注４　最大電力－（水力＋火力）の計算の際には、最大電力の千 kW 以下を「000」として計算した。

をすべて停止したままでもまかなえるはずであり、実際まかなえたのである。むしろ、最大電力の可能性のある午後一時〜三時以外の時間帯に節電を呼び掛ける必要はなかったし、ましてや、過度の「節電の呼び掛け」により熱中症患者が多発するような事態を招くことがあってはならなかったといえる。

二〇一二年以降は、原発から火力等に次第に転換していけば、供給力に全く問題はない。

(4) 原発は電気しか生まない

石炭、石油、天然ガス、水力、ウランなど、自然界に存在するままの形で利用されるエネルギーを一次エネルギーといい、一次エネルギーを加工することによって得られる電力やガソリンなどのエネルギーを二次エネルギーという。

ここ十五年余り、一次エネルギーに占める原子力の割合は一〇〜一二%で推移している。他方、石炭・石油・天然ガスは約八五%程度で推移している。

原子力の割合が少ない一つの原因は、原子力が電気しか生まないからである。石油は、ガソリンや灯油・軽油・重油などの二次エネルギーに変わった後、広汎な用途に使われるが、原子力は電気にしか使えないのである。もう一つの原因は、原発がベースロード（第2章2）用にしか使えないからである。技術的に出力調整が難しく、また、出力調整して設備利用率を落としていくと急速に発電コストが高くなるからである。

この数十年、「原子力が進んだ技術であり、石油文明から原子力文明に進んでいく」とのイメージが国民に植え付けられてきたが、それは幻想にすぎず、原子力文明が到来することなどあり得ない。

一次エネルギーのわずか一割程度しか占めることのできない原子力のために、福島原発事故のような悲惨な事態を招いたり、国民に事故や爆発や放射性物質の放出に脅えながらの暮らしを余儀なくさせたりするのは愚かというほかはない。

(5)　原発では再生可能エネルギーを補えない

「再生可能エネルギーを進めることは大事だが、それだけでは電力が足りないから、原発も進める」という意見をしばしば耳にする。

しかし、再生可能エネルギーは出力があてにならないうえ不安定だから、再生可能エネルギーを進めるには不安定な出力を補完する電源が必要になる。補完し得る電源は出力調整の容易な火力である。出力調整のできない原子力は補完電源にはなり得ない。

したがって、再生可能エネルギーを進める場合には、補完電源として火力発電をこそ進めなければならないのである。

(6)　原発保有国の状況が物語るもの

原発を保有している国は世界で三一カ国である。保有国は、表４―４に示すとおりである。

保有国のリストで気づくのは、先進国が保有しているとは限らず、旧共産圏と親米国家が多い

(%)

1998年	1999年	2000年	2001年	2002年	2003年	2004年
82.8 (52)	80.6 (51)	80.9 (51)	81.0 (51)	78.4 (52)	57.4 (52)	69.9 (52)
76.1 (107)	83.4 (104)	87.1 (103)	88.3 (96)	89.1 (104)	88.7 (104)	89.5 (104)
74.1 (55)	72.1 (55)	73.8 (56)	74.6 (56)	75.9 (58)	74.9 (59)	76.5 (59)
78.6 (20)	82.5 (20)	86.9 (19)	87.4 (19)	84.1 (19)	84.2 (19)	87.2 (18)
74.4 (27)	69.9 (27)	63.9 (25)	71.1 (25)	73.7 (23)	82.2 (23)	65.4 (23)
52.6 (21)	53.7 (21)	53.2 (21)	56.0 (21)	51.1 (21)	53.5 (21)	64.2 (21)
80.4 (12)	80.4 (12)	66.3 (11)	83.8 (11)	79.5 (11)	77.1 (11)	89.1 (11)
88.5 (9)	86.6 (9)	90.8 (9)	93.1 (9)	91.7 (9)	88.9 (9)	91.9 (9)
89.8 (14)	87.9 (15)	90.1 (16)	92.9 (16)	92.4 (18)	93.7 (18)	91.8 (19)
87.7 (7)	93.3 (7)	91.4 (7)	88.3 (7)	89.4 (7)	89.6 (7)	87.7 (7)
81.8 (6)	85.3 (6)	85.2 (6)	78.7 (6)	87.7 (6)	87.0 (5)	87.9 (6)
90.8 (5)	85.6 (5)	90.2 (5)	90.8 (5)	92.2 (5)	92.5 (5)	91.6 (5)
90.4 (4)	95.0 (4)	92.7 (4)	94.2 (4)	92.2 (4)	93.2 (4)	93.0 (4)
84.3 (2)	79.6 (2)	80.5 (2)	66.8 (2)	74.5 (2)	78.4 (2)	88.0 (2)
86.5 (4)	87.6 (4)	87.2 (4)	86.4 (4)	85.4 (4)	67.5 (4)	72.8 (4)
57.7 (10)	64.8 (11)	67.3 (11)	80.6 (14)	82.0 (14)	73.4 (14)	68.3 (14)
84.7 (2)	80.7 (2)	70.0 (2)	80.2 (2)	66.1 (2)	82.1 (2)	92.6 (1)
86.3 (1)	80.7 (1)	81.6 (1)	84.9 (1)	89.3 (1)	84.1 (1)	86.3 (1)
56.7 (1)	69.1 (1)	59.5 (1)	81.6 (2)	78.7 (2)	71.2 (2)	67.0 (2)
90.7 (1)	91.1 (1)	93.0 (1)	94.4 (1)	92.9 (1)	95.4 (1)	90.5 (1)
32.7 (1)	6.5 (1)	34.0 (1)	53.6 (2)	46.3 (2)	34.5 (2)	42.2 (2)
80.6 (1)	84.6 (1)	69.3 (2)	73.8 (2)	82.4 (2)	88.8 (2)	77.5 (2)
55.7 (25)	64.4 (25)	68.9 (24)	69.9 (25)	71.6 (25)	70.0 (25)	67.7 (30)
65.8 (14)	64.0 (14)	68.4 (14)	73.2 (13)	74.9 (13)	78.2 (13)	75.7 (15)
52.0 (6)	48.0 (6)	算出不可	算出不可	61.4 (0)	69.1 (6)	69.4 (4)
51.6 (2)	37.5 (2)	算出不可	43.2 (2)	算出不可	58.9 (2)	53.5 (2)
67.1 (4)	68.2 (4)	70.5 (5)	73.9 (6)	78.8 (6)	77.3 (6)	73.4 (6)
44.5 (1)	60.9 (1)	算出不可	算出不可	63.9 (1)	52.9 (1)	67.1 (1)
85.8 (1)	84.0 (1)	88.0 (1)	88.1 (1)	89.2 (1)	79.3 (1)	89.5 (1)
85.5 (4)	86.6 (4)	87.9 (4)	88.2 (4)	86.3 (4)	84.2 (5)	82.7 (6)
75.5 (2)	84.5 (2)	85.0 (2)	87.0 (2)	85.1 (2)	87.0 (2)	78.6 (2)

出典：『平成 17 年度原子力白書』314 頁

表 4-4　各国の原発の設備利用率の推移

国または地域	1992 年	1993 年	1994 年	1995 年	1996 年	1997 年
日本	73.6 (41)	76.8 (45)	74.7 (45)	79.9 (49)	80.3 (50)	82.7 (52)
米国	69.9 (110)	69.9 (105)	72.8 (108)	76.2 (108)	75.2 (109)	70.5 (108)
フランス	66.1 (56)	71.3 (55)	69.0 (56.2)	72.4 (55)	75.4 (55)	74.2 (55)
ドイツ	76.1 (21)	73.7 (21)	72.2 (21)	74.3 (21)	78.6 (20)	82.8 (20)
英国	59.6 (28)	68.4 (28)	72.2 (26)	68.0 (26)	70.5 (27)	73.7 (27)
カナダ	65.8 (20)	68.1 (22)	75.6 (22)	69.2 (22)	68.6 (21)	61.1 (21)
スウェーデン	69.8 (12)	67.4 (12)	79.9 (12)	76.5 (12)	81.2 (12)	76.4 (12)
スペイン	85.8 (9)	86.4 (9)	85.0 (9)	85.1 (9)	85.4 (9)	83.4 (9)
韓国	84.4 (9)	87.1 (9)	87.4 (9)	85.4 (10)	87.5 (11)	87.7 (12)
ベルギー	86.2 (7)	83.4 (7)	79.6 (7)	79.9 (7)	83.5 (7)	90.3 (7)
台湾	74.9 (6)	76.1 (6)	77.3 (6)	78.4 (6)	83.6 (6)	80.5 (5)
スイス	86.0 (5)	85.9 (5)	88.3 (5)	88.5 (5)	88.2 (5)	89.3 (5)
フィンランド	90.1 (4)	93.3 (4)	91.0 (4)	90.0 (4)	92.4 (4)	91.6 (4)
南アメリカ	58.3 (2)	45.8 (2)	60.8 (2)	70.5 (2)	73.0 (2)	78.4 (2)
ハンガリー	86.4 (4)	85.6 (4)	87.2 (4)	87.0 (4)	87.7 (4)	86.7 (4)
インド	42.8 (8)	36.4 (9)	27.9 (9)	89.1 (10)	42.7 (10)	50.7 (10)
アルゼンチン	79.7 (2)	90.4 (2)	93.5 (2)	80.3 (2)	85.8 (2)	90.4 (2)
スロバニア	68.1 (1)	68.0 (1)	79.2 (1)	82.2 (1)	78.2 (1)	86.3 (1)
ブラジル	30.4 (1)	7.7 (1)	0.0 (1)	43.8 (1)	42.1 (1)	54.9 (1)
オランダ	79.5 (1)	82.9 (1)	83.7 (1)	85.5 (1)	88.7 (1)	55.1 (1)
パキスタン	45.8 (1)	33.9 (1)	48.8 (1)	43.6 (1)	29.4 (1)	37.4 (1)
メキシコ	66.1 (1)	83.4 (1)	71.7 (1)	76.7 (1)	65.4 (1)	88.4 (1)
ロシア	−	65.6 (25)	52.3 (25)	52.8 (25)	58.3 (25)	58.1 (25)
ウクライナ	−	−	−	−	−	70.4 (14)
ブルガリア	−	−	−	−	−	53.9 (5)
リトアニア	−	−	−	−	−	46.5 (2)
スロバキア	−	−	−	−	−	70.1 (4)
アルメニア	−	−	−	−	−	42.0 (1)
ルーマニア	−	−	−	−	−	87.3 (1)
チェコ	−	−	−	−	−	−
中国	−	−	−	−	−	−

（注）1. 括弧内の数字は、設備利用率算出の対象とした、発電端出力 135MW 以上の商業用発電所の原子炉の基数を示す
2. 出典：NUCLEONICS WEEK 等から算出した
3. ドイツは旧西ドイツ分

ことである。旧共産圏は、ロシア、ウクライナ、ブルガリアなど一〇カ国もあり、全体の三分の一を占めている。親米国家が多いのは、アジアの保有国、日本・韓国・台湾に示されているが、インド・パキスタンも米国が「原子力の平和利用」の援助対象国に選んだ国である。

「原子力の平和利用（アトムズ・フォー・ピース）」の概念は、一九五三年十二月の国連総会でアイゼンハワー米国大統領によって提唱されたもので、その後、米国は各国に「原子力の平和利用」の援助を行なった。その背景には、一九五三年八月にソ連が水爆実験に成功し、米ソの核戦争の脅威が高まったという状況があった。

この経緯や保有国リストが物語るように、原発は冷戦構造の産物である。来るべき核戦争に備え、いつでも原爆をつくれるよう、平和利用を看板にして原発を導入したということである。原爆と原発の違いは、ウランの核分裂を一気に起こすか、徐々に起こすかの違いだけであり、原発を保有していれば、いつでも容易に原爆を製造できるのである。

次に原発の設備利用率を見ると、高いのは欧州諸国（フィンランド、スイス、オランダ、スペイン等）及び韓国であり、共通点は地震がきわめて少ないことである。

第2章で、日本では原発の設備利用率が低いために原発の発電コストが石炭火力やLNG火力よりも高いことを明らかにした。「原発の電気が安い」は、地震が少なく、高い設備利用率の実績を持つ欧州諸国や韓国では言えても、日本にはとても言える資格はないのである。

「設備利用率を上げれば安くなる」との反論があるかもしれない。確かに、原発の発電コスト低減には設備利用率を上げることが最も有効な手法である。

しかし、地震大国日本で設備利用率を上げるのは極めて困難である。ましてや、日本が地震の活動期に入ったといわれる現在、設備利用率を上げていくことは不可能に近い。

また、コスト問題以前に、地震の活動期に入ったと言われ、福島原発事故のような惨状を再び起こす可能性が高まった現在、日本で原発を推進するのは、きわめて非人間的かつ愚かな選択というほかはない。

(7) 温暖化二酸化炭素原因説は疑わしい

原発を火力で置き換えることは可能であるし、電力の面でも全く問題ない。第2章で明らかにしたように、実現可能な設備利用率に基づけば、コスト面ではむしろ有利である。

火力のネックは唯一温暖化の問題である。

温暖化問題は、一九八〇年代末から急に叫ばれるようになり、またたく間に地球環境問題として重要な国際的課題となった。温暖化の原因は、温室効果ガスが地球からの放射エネルギーを吸収し、そこからの輻射熱がまた地球にも入ってくることにあるとされ、温室効果ガスがちょうど温室のガラスと同じ効果を持つことから「温室効果」と呼ばれている。温室効果ガスの代表的なものが二酸化炭素である。

しかし、温暖化及び二酸化炭素原因説には疑問が多い。

多くの人が素朴に抱く疑問は、「一九七〇年頃までは、地球は今後寒冷化するという寒冷化説が叫ばれていた」というものであろう。実際、一九四〇年代後半から一九七〇年までは、戦後の復興期にあたり、間違いなく二酸化炭素排出量は次第に増大していたにもかかわらず、気温は下がっていたのである。

二〇〇九年十一月、コペンハーゲンで第一五回気候変動枠組条約締約国会議（COP15）が開かれる直前に、英国のイーストアングリア大学にある気候研究所のサーバーがハッキングされ、一〇〇〇通以上の電子メールや電子文書がネット上に公開された。公開されたメール等には、二酸化炭素原因説を主導してきた気候研究所等の研究者たちが温暖化二酸化炭素原因説を根拠づけるために、さまざまな歪曲や論敵潰しを展開してきたことが記されていた。特に注目されたのは、気候研究所のジョーンズ所長が米国の著名な気候学者であるマイケル・マンに宛てたメールで、そこには「世界の平均気温のデータにトリックを施し、気温の下降傾向を隠すことに成功した」旨記されていた。この事件は、ニクソン元米国大統領のウォーターゲート事件になぞらえて「クライメートゲート事件」と呼ばれ、日本での報道は少なかったものの、世界中で報道された。

二酸化炭素濃度の変化よりも大気の気温変動が先行していることを示すデータも発表されている。ハワイにおける二酸化炭素の長期観測者として知られるキーリングが、一九八九年に発表したもので、図4―3のようである。

図4―3によれば、気温が変動するから二酸化炭素濃度が変化するのであって、その逆ではない。海水等に溶け込んでいる二酸化炭素は、気温が上がれば、水中に溶け込めなくなって次第に大気中に出てくる。サイダーがぬるくなると気が抜けるのと同じである。そのため、大気中の二酸化炭素濃度が増えるのである。キーリングは、ハワイにおける二酸化炭素濃度の精密測定で二

図4-3　気温の変化と二酸化炭素濃度の変化

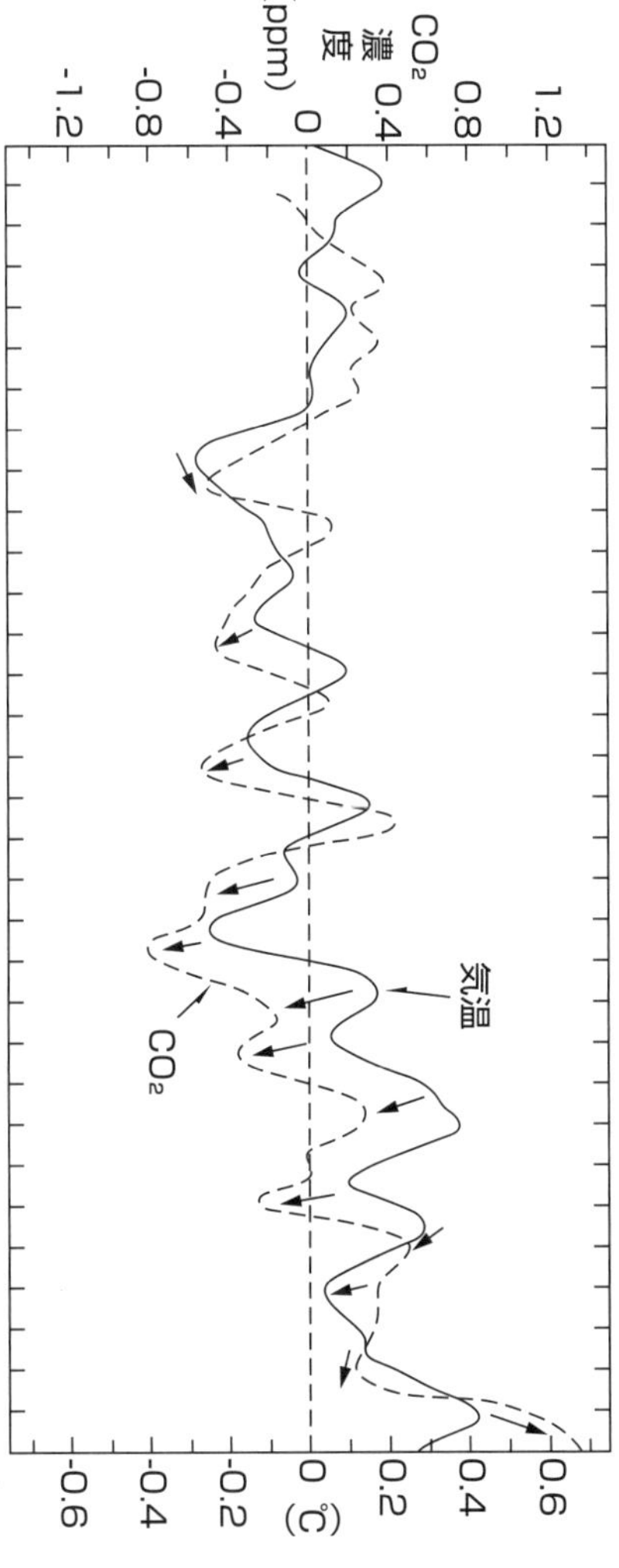

注：矢印の記入は根本順吉氏による

出典：根元順吉『超異常気象』213頁

酸化炭素原因説に根拠を与えた人であるが、そのキーリングが自ら二酸化炭素原因説を覆す事実を発表したのである(3)。

したがって、二酸化炭素原因説は、かなり疑わしい。少なくとも正しいと判断するのは早計である。

二酸化炭素原因説の背後に原発推進グループが居ることは、温暖化問題が叫ばれ始めた頃から指摘されていた。加えて、排出権取引が英国の金融資本のリーダーシップのもとに進められていることから窺えるように、金融資本もまた、二酸化炭素原因説の背後に見え隠れするようになった。

気候変動枠組条約締約国会議自体、COP15がさしたる成果をあげられなかったことが示すように、米国、中国、インドといった二酸化炭素排出大国が参加しないため形骸化し、ほとんど意味のないものになりつつある。

以上のことから、温暖化問題については、気温の変化や気候変動枠組条約締約国会議の動向を見ながら、原発から化石燃料の中で最も二酸化炭素排出量の少ないLNG火力への転換を進めていくのが賢明である。「福島原発事故という大惨事を引き起こした国として原発を推進することはできない」と言えば、LNG火力への転換を批判する外国も説得できるはずである。

(8) 脱原発は火力で可能

福島原発事故を受けて世界的に脱原発を求める動きが高まるなか、原子力に代わるエネルギー源として天然ガスの存在が急速に高まってきている。

国際エネルギー機関（IEA）は、二〇一一年六月、世界が「ガス黄金時代」を迎えたとするレポートを発表した。それによれば、エネルギーの全体需要が年率一・二%ずつ増えるなか、天然ガスは年率二%の勢いで伸び続け、「世界のエネルギー構成で大きな役割を果たす」と見込まれている。[4]

天然ガスが有力視されている一つの理由は、コジェネレーション（熱電併給）である。コジェネレーションが、電気も熱も併給することでエネルギー効率を飛躍的に高め、小規模ながら大規模発電と対抗し得る発電コストを実現して、電力自由化の技術的基盤になったことは、第1章1で述べたとおりである。

コジェネレーションだけではない。「ガスコンバインドサイクル」と呼ばれる大出力の最新型ガスタービンもその発電効率の高さで注目されている。発電効率が高まったのは、ガスタービンと蒸気タービンとを組み合わせたからである。まず燃料を燃やして発生させた高温の燃焼ガスでガスタービンを回して発電し、次にガスタービンからの排ガスの熱をボイラーで回収して蒸気を発生させ、蒸気タービンを回して発電する。出力も六七万kW級のものまで登場し、発電効率も六〇%に達する。ガスコンバインドサイクルは、小規模であればコジェネレーションを併用することも可能である。併用すれば、エネルギー効率はさらに高まる。

天然ガスによる発電は出力調整が容易であることも大きな長所である。ミドルロードやピークロード（第2章1）としても使えるし、出力が不安定な再生可能エネルギーを普及させるための調整用の電源にも使える。

温暖化に関しても、天然ガスは石炭や石油よりも水素の含有量が多いため、二酸化炭素の発生量が石炭の約五〇%に軽減する。

脱原発社会に向けて基幹電力になり得る電力は天然ガスによるガスコンバインドサイクルであり、また小規模分散型として有望な電源は天然ガスによるコジェネレーションである。

とはいえ、第2章3で検討したように、実現し得る設備利用率で最も安価な電源は石炭火力、次いでLNG火力であるから、コスト面を重視するならば、石炭火力の活用にも重点を置く必要がある。石炭火力につきまとう温暖化の批判を払拭できない場合には、石炭火力を減らして天然ガスの利用を増やしたり、石炭火力でバイオマスの混焼量を増やしたりすればよい。

2　再生可能エネルギーの何を如何に進めるか

(1)　脱原発と再生可能エネルギー普及は別物

脱原発は、ガスコンバインドサイクルやコジェネレーションで確実に実現できる。したがって、脱原発のために再生可能エネルギーを導入する必要は必ずしもない。

「脱原発を再生可能エネルギーで実現する」という見解をしばしば見受けるが、原発推進派から「再生可能エネルギーはコスト高で実用化にはまだ時間がかかる」との反論にあって行き詰ることが多い。原発の代わりを再生可能エネルギーで補うという必要は全くなく、原発の代わりはガスコンバインドサイクルやコジェネレーションで十分に可能なのである。

脱原発と再生可能エネルギーの普及とは全く別物であり、脱原発を主張するのに再生可能エネルギーを持ち出す必要は全くない。再生可能エネルギーの普及をいう前に、まずこの点を踏まえておくことが重要である。

では、脱原発とは別に、再生可能エネルギーを普及させる必要はあるのだろうか。

石油・石炭・天然ガスに関しては周知のように枯渇の問題がある。といっても、原油の可採年数は、この数十年間、約四十年程度で全く変わらずに推移している。毎年の生産量は増えてきたものの、石油価格が上昇して採算のあう採掘コストも上昇してきたから、経済的に採掘可能な埋蔵量も増えてきたのである。「可採年数〇〇年」とは実はかなり怪しい指標である。

しかし、「化石燃料の枯渇」を見込んでの燃料高騰は、投機も絡んで、近年しばしば起きているし、今後、より激しく起きることになるだろう。

また、再生可能エネルギーの普及やそれに伴う電力供給システムの変化は、欧州をはじめとしてすでに世界的に始まっている。それは、化石燃料の登場や石炭から石油への転換に際して生じたほどの、あるいはそれ以上の産業転換をもたらしつつある。したがって、再生可能エネルギーを普及するとともに、それに必要な技術開発を進めることは重要な国家戦略になっている。

以上のような理由から、日本においても再生可能エネルギーの普及は必要といえよう。

ただし、高コストの再生可能エネルギーを強引に普及させれば、それは電気料金の値上げとなってはねかえり、家計を圧迫するとともに産業の競争力を損なうことにもなる。

したがって、再生可能エネルギーの普及は必要としても、どの再生可能エネルギーをどれほどのスピードでどの程度導入していくかについては慎重な検討を要する。

(2) 固定価格買取制度は必要か

再生可能エネルギーを普及するために固定価格買取制度を導入すべき、という声が高まり、二〇一一年八月、再生可能エネルギー買取法が成立した。

固定価格買取制度（略称FIT制度：Feed in Tariff）とは、電気事業者に再生可能エネルギーによる発電電力を固定価格で買い取ることを義務づける制度で、欧州において再生可能エネルギーを普及させるうえで有効であったといわれている。実際、固定価格買取制度は、ドイツ、スペイン等で導入され、再生可能エネルギー電気の導入量を大幅に増加させた。

再生可能エネルギーを普及させるためのもう一つの買取制度が固定枠買取制度（略称RPS制度：Renewable Portfolio Standard）である。これは電気事業者に一定量以上の再生可能エネルギーの利用を義務づける制度であり、欧州ではスウェーデンやイギリスぐらいで導入例は多くないが、米国・カナダ・オーストラリア等で導入されている。

日本では、固定枠買取制度がまず採用された。「電気事業者による新エネルギー等の利用に関する特別措置法」（通称「新エネルギー法」または「RPS法」）に基づき「新エネルギー等」の発電電力を販売電力量の一定割合以上利用することを電気事業者に義務づけるもので、二〇〇二年に成立し、二〇〇三年四月から全面施行された。対象となる「新エネルギー等」とは、太陽光発電、風力発電、バイオマス発電、中小水力発電、地熱発電である。電気事業者は、①自ら新エネルギー等電気を発電供給する、②他から新エネルギー等電気を購入して供給する、③他から新エネルギー等電気相当量(5)を購入する、の三通りの方法によって義務を履行することができる。

しかし、新エネルギー法が目標とした新エネルギー等の導入割合は、二〇一〇年度までに日本全体の発電電力量の一・三五％にすぎず、欧州と比べて再生可能エネルギーの普及に遅れをとることとなった。そのため、ドイツで再生可能エネルギー導入に効果のあった固定価格買取制度の導入を求める声が高まり、二〇〇九年十一月から太陽光発電について固定価格買取制度が開始された。

太陽光発電の固定価格買取制度は、住宅用及び非住宅用の一〇kW以上の太陽光パネルによって発電された電力のうち自家消費分を差し引いた余剰電力に適用され、開始時の買取価格は１kW時あたり住宅用（一〇kW未満）は四八円、非住宅用等（住宅用一〇kW以上及び非住宅用）は二四円、太陽光発電の設置に加えて太陽光発電以外の自家用発電設備等を併設している「ダブル発電」の場合は、一kW時あたり住宅用三九円、非住宅用二〇円で買取期間は一〇年間と決められた。また、二〇一〇年度以降に新たに設置された場合の買取価格は、年度毎に引き下げられることとされており、二〇一一年度設置の場合には、一kW時あたり住宅用（一〇kW未満）は四二円、非住宅用等（住宅用一〇kW以上及び非住宅用）は四〇円、ダブル発電の場合は、一kW時あたり住宅用三四円、非住宅用三二円である。

固定価格買取制度は、それなしでは普及しない再生可能エネルギーによる電気を買い取るのであるから、再生可能エネルギーの普及に効果があることは間違いない。

しかし、再生可能エネルギーの普及に効果があるからといって、ただちに固定価格買取制度を推進すべきということにはならない。固定価格買取制度の短所も検討しておく必要がある。

太陽光による高い電気の購入に要した費用は電気料金に上乗せされる。日本では、標準家庭の一ヵ月の負担額が初年度に約三〇円、五～十年目に約五〇～一〇〇円と見込まれている(6)。再生可能エネルギーの普及がすすんだドイツでは、二〇一〇年以降における費用負担が標準家庭で月額八〇〇円程度と見込まれており(7)、二〇一一年の太陽光発電の買取価格が大幅に引き下げられることとなった。また、買取価格制度の導入で急速に太陽光発電が普及したスペインでも、二〇〇八年に導入量が激増したため、買取価格を大幅にカットし、二〇〇九年以降、導入量は激減している(8)。これでは、固定価格買取期間が過ぎれば廃棄物となるだけのものを国民負担で普及させているようなものである。

したがって、固定価格買取制度は、再生可能エネルギーの普及に有効ではあるものの、風土的個性や技術革新の可能性などに基づいて将来有望となる再生可能エネルギーに対象をしぼったり、導入に伴う負担増を国民に説明して国民の合意を得ながら進めたりすることが必要である。

他方、固定枠買取（RPS）制度のほうは、一定の枠内において、低コストの再生可能エネルギーが優先されるため、固定価格買取制度よりも国民負担を低減できるという長所を持っている。また、固定価格買取制度にはない、数値目標を設定可能という長所もある。日本の固定枠買取制度では大きな成果は上がっていないものの、それは固定枠買取（ＲＰＳ）制度自体というよりも、「二〇一〇年度までに一・三五％」というあまりにも低い目標値に原因があったと見るほうが妥当である。イギリスやオーストラリアでは、二〇一〇年の目標値達成に向け、順調に再生可能エネルギー導入が進んだからである。[9]

また、世界的にも、日本やイギリスのように、固定枠買取制度に加えて固定価格買取制度を導入した国もあれば、逆に、イタリアのように、固定価格買取制度に加えて固定枠買取制度を導入した国もある。

買取期間が過ぎた後の処理・リサイクル及びその費用負担について予め検討しておいたうえで、技術革新や発電コストの動向も見極めながら、両制度のそれぞれの長所を生かした運用を図るのが妥当であろう。

(3)　太陽光と風力は有望か

現在、再生可能エネルギーという言葉で太陽光と風力がイメージされるほど、二つのエネルギーが脚光を浴びている。

しかし、太陽光と風力は、果たして有望な再生可能エネルギーなのか。

まず、両者ともに、出力がお天気任せであてにできないうえ不安定という短所がある。出力が不安定ということは周波数や電圧が乱れるということでもある。要するに「電力の質が低い」ということである。

また、発電原価も一kW時あたり太陽光約四九円（二〇〇五年時点）[10]と従来電源に比べて高コストである。風力は約一〇〜一四円（二〇〇五年時点）と従来電源と比べてそれほど高くはないが、低周波音問題[11]があり、全国的に建設反対運動が起きている。

発電コストに関しては、一般に、パソコン価格が技術革新で安くなってきたように、再生可能エネルギーのコストも普及が進めば量産効果で価格が下がるといわれている。

しかし、「パソコンの場合には、半導体チップの高精細化によってパソコン内部により高密度に回路が詰められることで低価格化が実現したが、風車や太陽電池はコストを下げるには大型化が必要で、大型化のためにはより大きな製造装置が必要となり、その導入コストもかかる。また半導体のように大量生産するわけではない。さらに、製品が大型になれば、その輸送や設置、管理のコストも高くなる。そのため量産効果はそれほど期待できない」との指摘もある。[12]風力は、出力が半径の自乗に比例するからこの指摘は的を射ていると思われるが、太陽光は、太陽エネルギーからの変換効率のよい新しい材質が見つかればコストが下がるから、この指摘が当たるかは疑問である。

しかし、太陽光も、技術革新は進んだものの、開発の現場では「このあたりが限界」といった敗色ムードが高まっているという。[13]実際、太陽光の発電コストも一kW当たりのシステム価格も、九〇年代には量産効果で急速に低下したものの、今世紀に入ってからはほとんど低下していない（図4—4）。

太陽光は、単位面積当たりの出力の低さも難点である。四国電力の松山太陽光発電所では、太

図4-4　太陽光発電の導入量とシステム価格、発電コストの推移

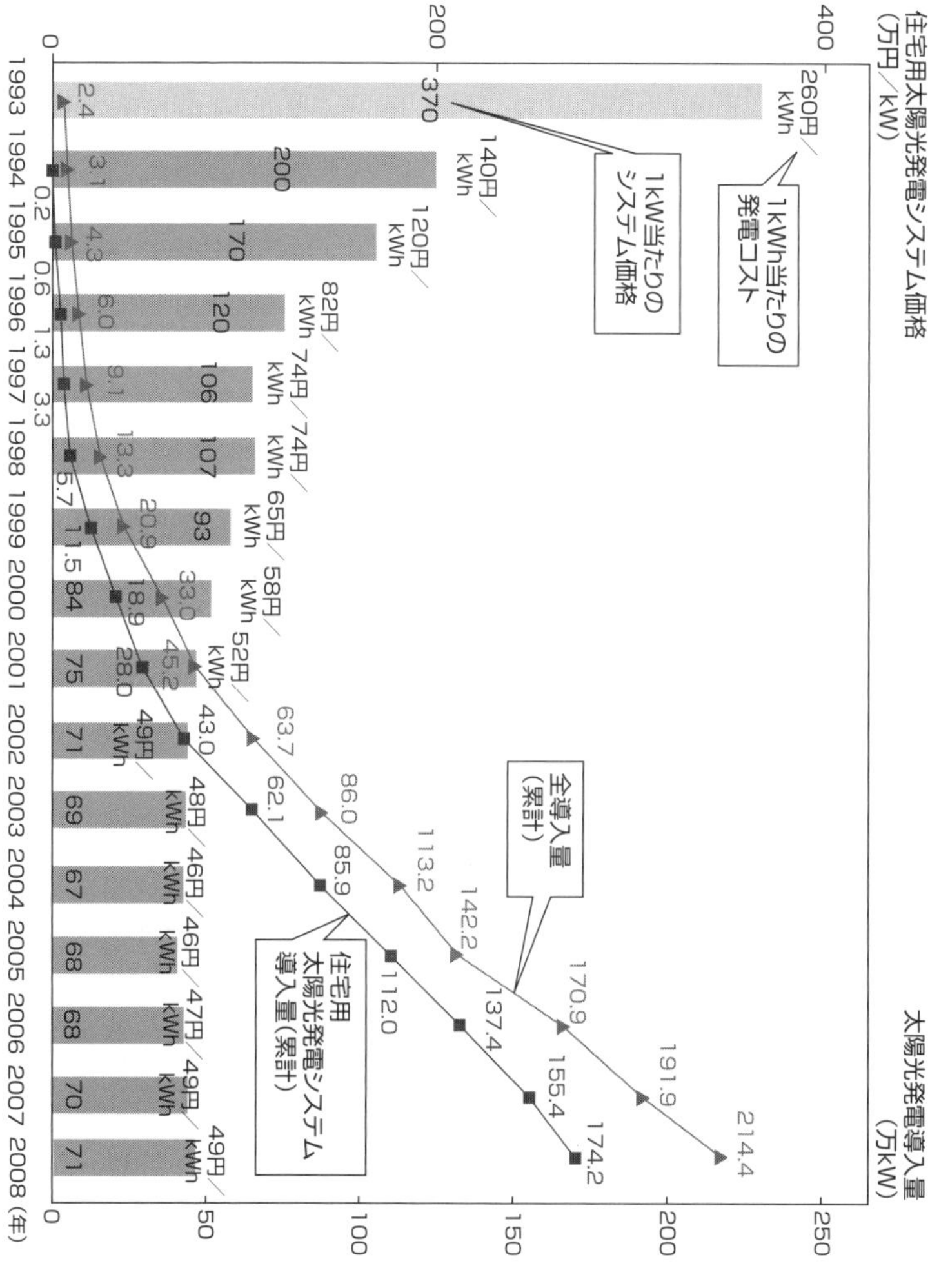

出典：資源エネルギー庁『日本のエネルギー2010』、27頁

陽電池パネル約六三〇〇枚（延べ面積約三三〇〇平方メートル）で、晴天の昼間に約三〇〇kWの発電が可能とされている。この数字に基づけば、一〇〇万kWの出力を得るには、延べ面積一一〇〇ヘクタールが必要となる。

さらに、太陽光は夜間は発電できず、昼間も曇りや雨の日には出力が落ちるため、設備利用率は約一二%でしかない[14]。設備利用率の低さも考慮すると、出力一〇〇万kWの火力発電と同じ電力量を発電するには、延べ面積約九〇〇〇ヘクタール（東京の山手線内部約六五〇〇ヘクタールの約一・四倍）もの面積を必要とする。

他方、東京電力の富津火力発電所は、ガスコンバインドサイクルで五〇四万kWの出力があるが、敷地面積はわずかに一一六ヘクタールである。単位面積当たりの出力では太陽光の約五十倍、単位面積当たりの発電量では約四百倍もの効率である。

また、日本各地の年間日照時間は一五〇〇〜二〇〇〇時間で、長い地域でも世界平均にすら届かない地域が大半であり、その点からも決して太陽光に向いた国ではない。

とはいえ、太陽光にも風力にも長所はある。太陽光は住宅に容易に設置でき都会でも可能、送電線も不要という長所であり、風力は再生可能エネルギーのなかで相対的に安いという長所である。今後、長所を生かすとともに、たとえば風力では、欧州でも次第にそうなってきているように、洋上風力を中心に建設していくことなどで短所をカバーしていけば、普及する可能性はある。さらに、次世代送電網のスマートグリッド[15]が実現すれば、出力不安定という短所がカバーされ、普及はより容易になる。

(4) 風土に合った再生可能エネルギーを

自然は国や地域によって様々であり、人間は、国や地域の自然に応じて文化や農法を発展させながら暮らしてきた。人間の暮らしのあり方に影響を及ぼすその土地固有の自然を「風土」という。農業のあり方は、その国や地域の風土に根ざして考えることが重要である。

再生可能エネルギーの場合も、自然エネルギーであるからには、農業と同様、その国や地域の風土に合った再生可能エネルギーがあるはずである。欧州で普及しているからといって、その真似をすることは賢明ではない。

デンマークやオランダで古くから風車が利用されてきたのは、平坦な地形や偏西風のおかげで風向きや風力が安定しているからである。そのような風土のもと、湿地の多いオランダでは、排水の動力として古くから風車が利用されてきたのである。とすれば、地形が急峻で風向きが一定しない日本には風力が不向きである可能性が高い。

では、日本の風土に合った再生可能エネルギーは何か。

日本の風土に合った再生可能エネルギーを探るには、何より歴史をひもとけばよい。

電力が普及する前、日本では何を動力に用いていたのだろうか。電力の前は蒸気力である。蒸気力は火力と同じだから再生可能エネルギーとは言えない。では、蒸気力の前は何だろうか。

答えは水車である。江戸時代に既に製粉や精米、精油などに広範に利用されていた水車は、明治に入っても近代工業の動力源として活躍し、明治十年代は「水車時代」とも呼べるほどの様相を呈したのであった。地形の急峻な山国で、小水路や河川があちこちにある日本では水車は最適の動力であったのだ（詳しくは付論「水車が語る農村盛衰史」を参照）。

水車は、すなわち水力エネルギーである。しかし、一口に水力といっても、河川の水を堰き止めて造られるダムは、有機物をも堰き止め、ヘドロ化させて、水質汚濁、悪臭等で周辺住民を苦しめる。魚の遡上を妨げて、漁業に被害をもたらす。下流では砂が流れてこないため、浸食が起こる。水害を防ぐどころか、上流で水が溢れやすくなって水害が起こるうえ、大雨時の緊急放流[16]による水害も頻発する。[17]したがって、再生可能エネルギーとして普及すべきは、ダム式でない小水力である。発電コストも一kW時あたり約八～一三円と風力よりも安い。

過去に広汎に利用されたことはないものの、日本の風土に合った再生可能エネルギーとして地熱と海洋（潮力・波力）がある。

地熱は、火山国で地震が多いという短所を逆に長所ととらえるもので視点としては面白い。日本と同じ、火山・地震大国のニュージーランドは、近傍のビキニ環礁での水爆実験という苦い体験を踏まえ、非核法を制定して原発を持たない道を選び、現在では、地熱発電で総発電量の約一四％、水力・風力と合わせ再生可能エネルギーで約七五％をまかなっている。日本と違って風土にねざした賢明な国づくりであるが、皮肉なことに地熱発電設備には富士電機ホールディングスや東芝の製品が採用されている。[18]

しかし、地熱や海洋の実用可能性について検討することは本書の課題ではないので、技術に詳しい方々による他書に委ねたい。

図 4-5　体積エネルギー密度の比較

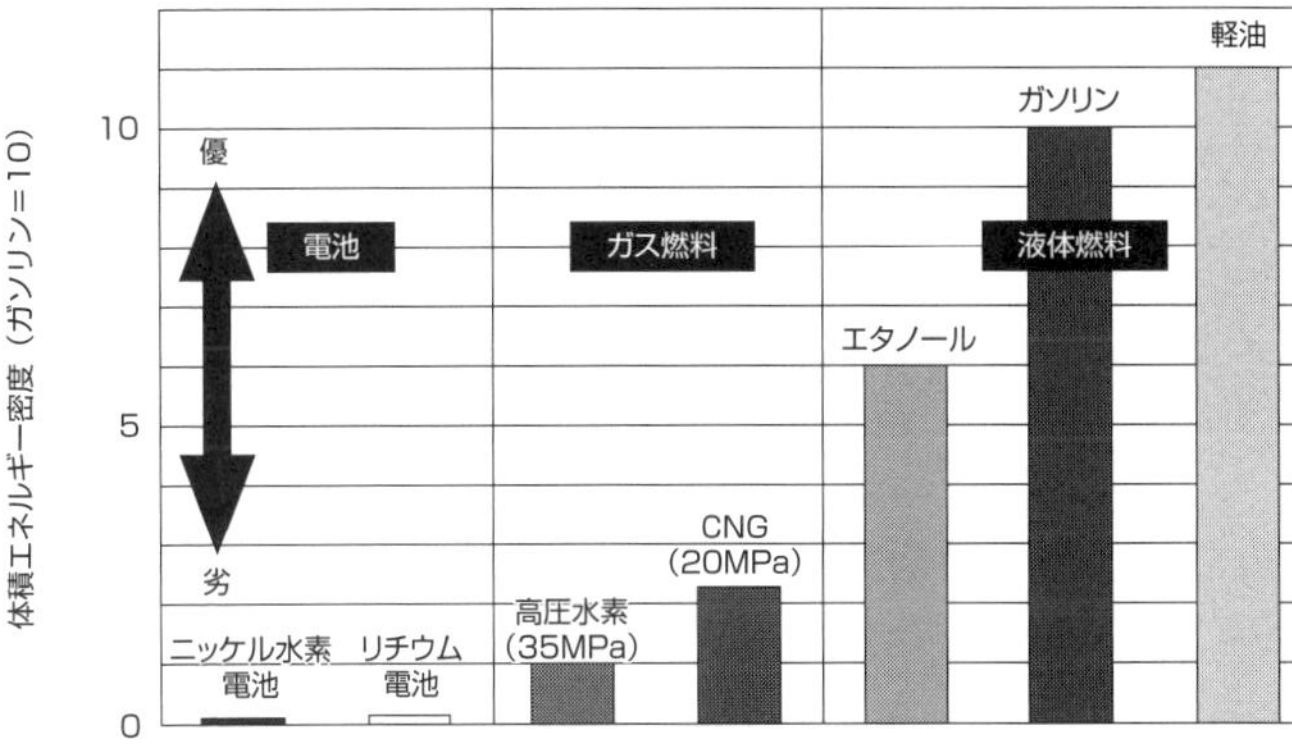

「エネルギー密度が高い」ということは「軽くて大きなエネルギーをもっている」ということ。石油は天然ガスよりはるかにエネルギー密度が高い

出典：清水典之『「脱・石油社会」日本は逆襲する』（光文社、2009 年）、30 頁

(5) バイオエネルギーの重要性

再生可能エネルギーといえば、太陽光や風力をはじめ、電気エネルギーだけが挙げられることが多い。しかし、エネルギーは電気だけではない。飛行機はジェット燃料で飛んでいる。調理のエネルギーは、たいていはガスである。動力のためのエネルギーもあれば調理や給湯のためのエネルギーもある。この当たり前のことが、再生可能エネルギーを論じる際にしばしば見落とされる。

最終エネルギー消費に占める電力消費量の割合を電力化率という[19]。日本の電力化率は約二五％（二〇〇九年度）、他の先進国が二〇％前後であるのに比べてかなり高いものの、最終エネルギーの約四分の三は石炭・石油・天然ガス等の化石燃料を消費している。なかでも多いのは石油である。石油の割合は、オイルショック前の約七〇%から次第に下がってきたが、それでも約五三%(二〇〇九年度)である。いまだに基本的には「石油文明」が続いているのである。したがって、再生可能エネルギーを論じる際には、電力以外のエネルギー、とりわけ石油の代わりを何に求めるかを見落としてはならない。

石油は、原油を石油精製によりガソリン・軽油・ナフサ・ジェット燃料・灯油・重油等の石油製品に精製したうえで消費される。ガソリンは電気自動車への移行によって電力で代替できるとしてもガソリンの石油製品に占める割合は三割だから残りの約七割、さらにディーゼル車用燃料の軽油を電力で代替するとしても残りの約五割を再生可能エネルギーの何で代替するかを検討しなければならない。

この問題を考えるうえで鍵になる概念はエネルギー密度である。エネルギー密度には体積エネルギー密度(単位体積当たりのエネルギー)と重量エネルギー密度(単位重量当たりのエネルギー)があり、体積エネルギー密度が高いとは小さくて大きなエネルギーを持っているということ、重量エネルギー密度が高いとは軽くて大きなエネルギーを持っているということである。

電力で飛行機を飛ばせないのは、電池のエネルギー密度が低いからである。

図4―5に見るように、エネルギー密度が高いのは液体燃料であり、したがって、ジェット燃料の代わりになり得る再生可能エネルギーはバイオ燃料だけである。灯油や重油の代わりになり得るのもバイオ燃料だけである。石油化学の原料であるナフサの場合には成分が問題になるが、これも代わりになり得るのはバイオマスだけである。その意味で、バイオエネルギーは他の再生

可能エネルギーにもまして重要である。

有機物はエネルギーを持っている。中に炭素を含むからである。その炭素は大気中の二酸化炭素を光合成によって取り込んだものである。植物は、光合成により炭素を大気中から取り入れて有機物にすることで太陽エネルギーを固定する。有機物を燃やして二酸化炭素と水蒸気とが生じエネルギーが発生する反応は、ちょうど光合成反応の逆である。つまり、有機物のエネルギー利用は、元をたどれば太陽エネルギーの利用にあたるのである。

そのうえ、有機物は、蓄エネルギー機能をも備えている点で、他の多くの再生可能エネルギーよりも優れている。あらゆる有機物が太陽エネルギーを蓄えていて、それを何時でも必要な時に引き出せる。有機物は、植物も動物もすべて蓄エネルギー機能付きのバイオエネルギーなのである。

バイオエネルギーというと、しばしばバイオ作物が食用と競合して価格高騰したことが短所として指摘される。中国などで急速に肉食が増えてきたために食料価格の高騰が起こり、将来も益々の高騰が予想されている今日、農地に食用と競合するバイオ作物を栽培することは賢明ではない。農家一戸当たりの農地面積が数百ヘクタールもあるブラジル等の国々とバイオ作物の栽培で競争しても勝てるはずはない。

四方を海に囲まれた日本では、陸地でなく、海に目を向けるべきである。水産資源の鍵を握るのは、食物連鎖からわかるように海草である。海草を増やす「海の森づくり[20]」をすすめれば、大量の海草が得られ、それを食糧、飼料、エネルギーに活用することができる。労力やエネルギーを要する栽培によってではなく、採集によって得られる点も海草の大きな利点である。

さらに、廃棄物の有効利用によるバイオエネルギーを追求するとよい。間伐材などをバイオ燃料として火力発電所などで利用することは既に実現しているが、廃棄物利用によるバイオエネルギーの候補は、いくらでもある。特に農山漁村は、バイオエネルギーの宝庫である。

たとえば、畜産し尿は、年間約八七七〇万トン（二〇〇八年度）も発生しており、産業廃棄物の種類別発生量の第二位を占めている。現在は、その大部分をコストをかけて処理しているのだが、畜産し尿を発酵させれば、バイオガスを採取でき、発電もできる。発酵残渣は肥料として利用できる。

畜産し尿のバイオガスプラントが普及しているデンマークでは、畜産し尿に有機性の産廃を混ぜている。微生物が甘い物や油ものが好きで、発生するガスが倍増するからだ。畜産し尿一㎥あたり発生するガス量はまちまちだが、最も多いプラントでは約六六㎥、畜産し尿あたり一㎥あたりの発電量は約九三kW時である。[21] し尿の比重を一として計算すると、八七七〇万トンの畜産し尿から約八二億kW時の電力量が得られることになる。標準世帯の電力消費量は年間約三六〇〇kW時だから、これは約二二八万戸の世帯の電力消費量に相当する。

日本では食品リサイクル法（二〇〇〇年）に基づいて外食産業や食品製造業など事業系の生ごみにはリサイクルが義務づけられているが、家庭系の生ごみはほとんど焼却されている。生ごみ・し尿・浄化槽汚泥を受け入れて、バイオガスと電力を発生させ、液肥を生産している福岡県大木町の大木循環センター（通称「くるるん」）のような事例が広がれば、生ごみ・し尿も大きなバイオエネルギー源に生まれ変わる。

間伐材や生ごみ・し尿に限らず、家庭や事業所から排出されるあらゆる有機物を食料∨飼料∨肥料∨エネルギーという優先順位で活用するような仕組みをつくれば、バイオエネルギーは飛躍的に増加するはずである。

(6) 多様な電力利用を

電力会社は、電力の質の程度を、次の三つの要素で判定している。[22]
①電力を停電せずに継続して供給することができる度合い
②電圧を規定値どおりに維持することができる度合い
③周波数を規定値どおりに維持することができる度合い
再生可能エネルギーは、これらの要素で判断すると低品質であるため、第1章でみたように、託送を拒まれたり、託送できても高額なインバランス料金を取られたりするのである。
需要家に供給義務を課されている電力会社が、電気の質を問うのには理由がないわけではない。情報化の進展により、いったん事故が発生した場合の社会的影響は、ますます大きくなっている。コンピュータは、電圧や周波数のわずかな変動によっても誤動作や停止をしてしまうことがある。[23]
しかし、製粉や精米や排水などには高品質の電気は不要である。低品質の電気で十分足りる需要は少なくないはずである。それらの需要家にとっては、低品質の電気を安く供給してもらえるならば、それにこしたことはない。

飲み水の場合、発ガン性物質トリハロメタンの除去は、浄水場では行なわず、各家庭が浄水器を取り付けたり、ペットボトルの水を買って自衛している。一人当たりの水使用量は一人一日数百ℓであるが、大部分は洗濯・風呂・調理などに使われ、飲み水は一人一日二ℓ程度でしかない。したがって、トリハロメタンの除去を浄水場で全水量を対象として行なうよりも、各家庭で飲料水についてだけ行なうほうが社会的には安くつく。そのため、浄水場からは低品質の水が供給され、高品質な水は各家庭で浄水器やペットボトルで確保されている。

電気の場合は水の仕組みとちょうど逆にすればよい。コンピュータが多くの家庭に普及しているため電力会社は高品質の電気を供給せざるを得ないであろうが、高品質にするために高くなった電気代を低品質でよい需要家にも等しく負担させるのは不公平である。したがって、低品質の電気でよい需要家に低品質の電気を供給するような仕組みを認めるようにすればよい。

(7) 再生可能エネルギーの多様な利用を

石油を燃やして発電し、その電気で暖房するくらいなら、初めから石油を燃やして暖房したほうがよい。石油火力の発電効率は四〇%程度であり、残りは熱として捨てられるからである。電気ストーブよりも石油ストーブが安くつく所以である。

敷衍すれば、一次エネルギーと最終エネルギー（需要家で消費されるエネルギー）の間で、できるだけエネルギーの転換はしないほうがよいということになる。エネルギーは、転換する度に熱を発生し、ロスが生じるからである。なかでも、電力に転換すれば、約六〇%のエネルギーを熱として捨てることになる。「オール電化」など、エネルギーの無駄使いの最たるものである。

再生可能エネルギーでも同様である。風力で発電して、その電気を排水の動力に使うくらいなら、初めから風力で排水したほうがよい。水車で発電して、その電気で製粉するくらいなら、初めから水車で製粉したほうがよい。バイオ燃料で発電して、その電気で暖房するくらいなら、初めからバイオ燃料を燃やして暖をとればよい。

したがって、再生可能エネルギーについても、なるべく電力への転換はせずに、多様なエネルギー利用を考えるほうがよい。「オール電化」ではなく、「なるべく非電化」のほうが好ましいのである。

電力へのこだわりをなくせば、多様な再生可能エネルギーの利用に道が開ける。

住宅に天窓を取り付ければ、太陽エネルギーで部屋の中が明るくなり、昼間の室内照明は不要になる。空気取入れ口を付ければ、風力エネルギーで涼しくなり、エアコンも扇風機も不要になる。囲炉裏や薪ストーブはバイオエネルギー利用になる。再生可能エネルギーの利用は誰にでも容易かつ安価な手法でも可能なのである。

日本の再生可能エネルギー普及策は、固定枠買取制度にしても固定価格買取制度にしても電力しか考慮していない。そのことは、固定枠買取制度の根拠法となっている新エネルギー法の正式名称「電気事業者による新エネルギー等の利用に関する特別措置法」（傍点筆者）に象徴的に示されている。

しかし、電力に限定することなく、多様なエネルギー利用にも視野を広げれば、再生可能エネルギー利用はおおいに進展するはずである。[24]

(8) 日本の低炭素社会づくりは間違っている

では、何故、日本では再生可能エネルギーの多様な利用が進まないのか。

再生可能エネルギーの普及は低炭素社会(二酸化炭素の排出量を減らしていくための配慮が徹底された社会)づくりの一環として進められている。再生可能エネルギーは、風力や太陽光に限らず、燃焼によって二酸化炭素を排出するバイオエネルギーも、排出した二酸化炭素を光合成で補うべく植林をすればプラスマイナスゼロになるという理由からカーボンフリー(大気中の二酸化炭素を増やさない)と見なされるのである。

しかし、再生可能エネルギーは太陽電池や風車やバイオガス発生装置をつくるのにエネルギーを使うから、低炭素社会づくりのためには再生可能エネルギーより省エネルギーのほうがベターに決まっている。

省エネルギーの代表的な施策は自転車利用の促進である。欧州では、自転車専用レーンや無料の自転車置場の設置や自転車持込み可能な列車づくりなど、自転車利用を促進する街づくりが盛んに進められている。

省エネルギーのもう一つの代表的な施策はパッシブハウス(自然を生かし機械に頼らない住宅)である。EU指令(2010/31/EU)は、「二〇二〇年十二月三十一日以降にEU域内に新築されるすべての家屋はゼロエネルギー・ハウス(nearly zero energy house)でなければならない。公共の

図 4-6　ゼロ・エネルギーハウス

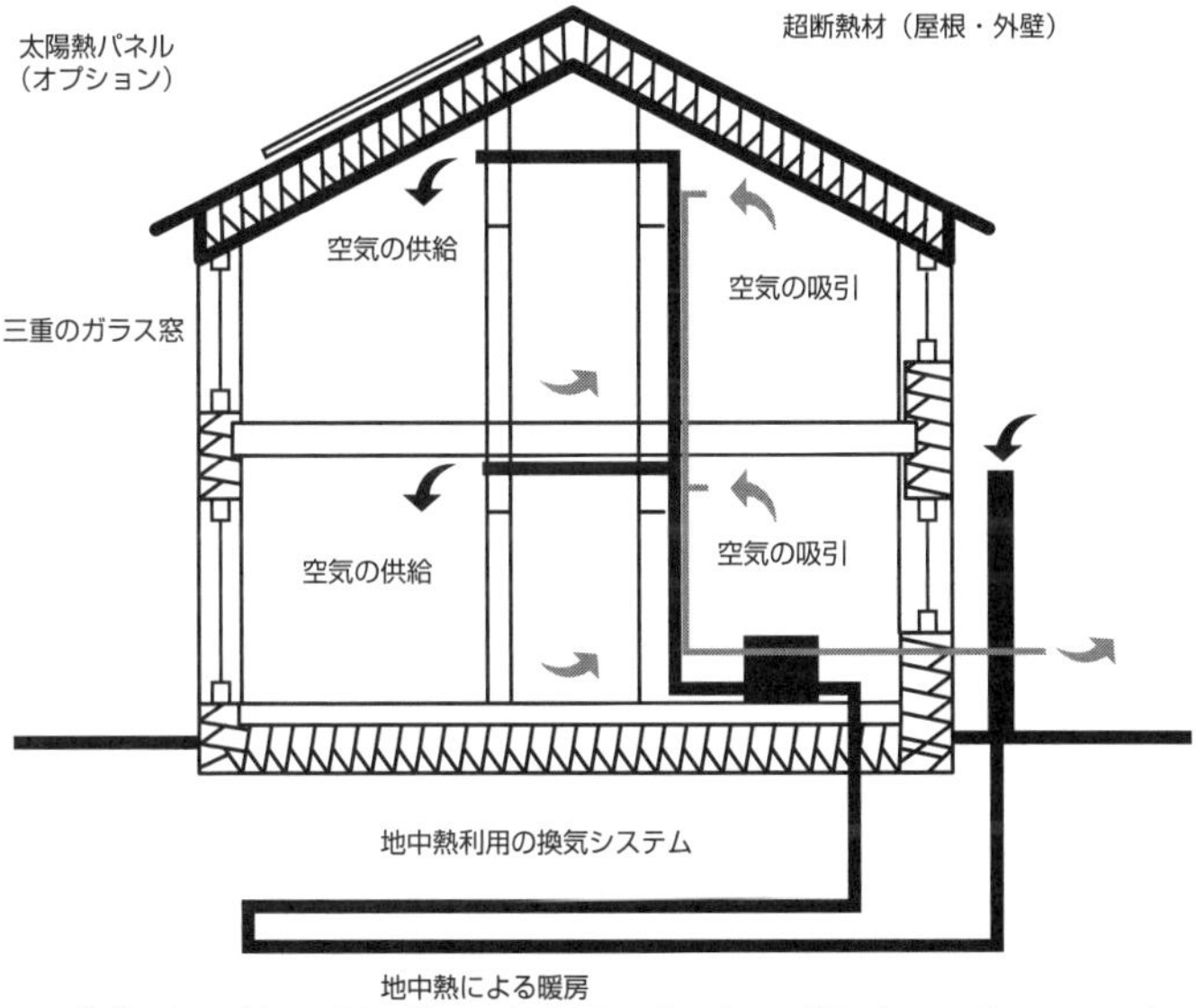

出典：http://en.wikipedia.org/wiki/Passive_house#Design_and_construction

建物については二年前倒しとする」と定めている。

ゼロエネルギー・ハウスの実現方法としてドイツでは図4―6のようなパッシブハウスが提唱されており、エネルギー効率を高めるべくコーティングを加えた三重ガラスや断熱材に加え、外気を地下を通して導入する構造で、人体や家電からの放熱で暖房を行ない、外気温がマイナス一五度でも暖房装置が不要だという。外気を地下を通して導入するのは、年中一定の温度を保ち、夏冷たくて冬温かい井戸水の利用と同じ原理に基づくものである。

ドイツのケルン市では、①建物の壁にガラスを採用することで光及び熱を利用する、②建物が周囲にある木の陰に入らないようにする、③原則として家は南向きに建てる、という基準を設けており、これらの基準をなるべく満たすような住宅建設を促進する制度を設けている。

他方、日本では、自転車利用の促進策もパッシブハウスもほとんど講じられることなく、省エネルギー策といえば、もっぱらエコポイントをはじめとした省エネ家電の普及である。ゼロエネルギー・ハウスから類推すれば、井戸水利用は低炭素社会づくりに大きく貢献するはずだが、水質汚染で見捨てられてきた井戸水を、汚染を解決したうえで省エネルギーに活用しようという話も、少なくとも行政や企業ベースでは全くない[25]。

再生可能エネルギーの多様な利用が進まないのも、自転車利用策が講じられないのも、パッシブハウスや井戸水利用が進まないのも、省エネ家電の普及策ばかり講じられるのも、理由は「産業振興」にある。再生可能エネルギーの電力利用を進めれば電気産業の振興につながるが、自転車利用を進めれば自動車産業の衰退をもたらす。そのため、太陽光を固定価格買取制度までつくって促進する一方、自転車利用は促進しないのである。また、風力発電機は欧州企業が圧倒的なシェアーを占めているため、日本企業のメーカーが多い太陽光発電がより優先されるのである。

「産業振興」を第一の目的としている点は、循環型社会づくりにおいても全く同様である。「3Rの優先順位」、すなわち、「減量（リデュース）＞再使用（リユース）＞再生利用（リサイクル）」という優先順位は、循環型社会形成推進基本法（二〇〇〇年）にも規定され、またコマーシャルをつうじて国民周知のこととなっているが、日本の容器包装リサイクル法（一九九五年）には再使用優先の規定はない。その理由は、日本の容器包装リサイクル制度がごみ問題の解決をめ

図4-7「日本は最も優秀」という経産省のグラフ

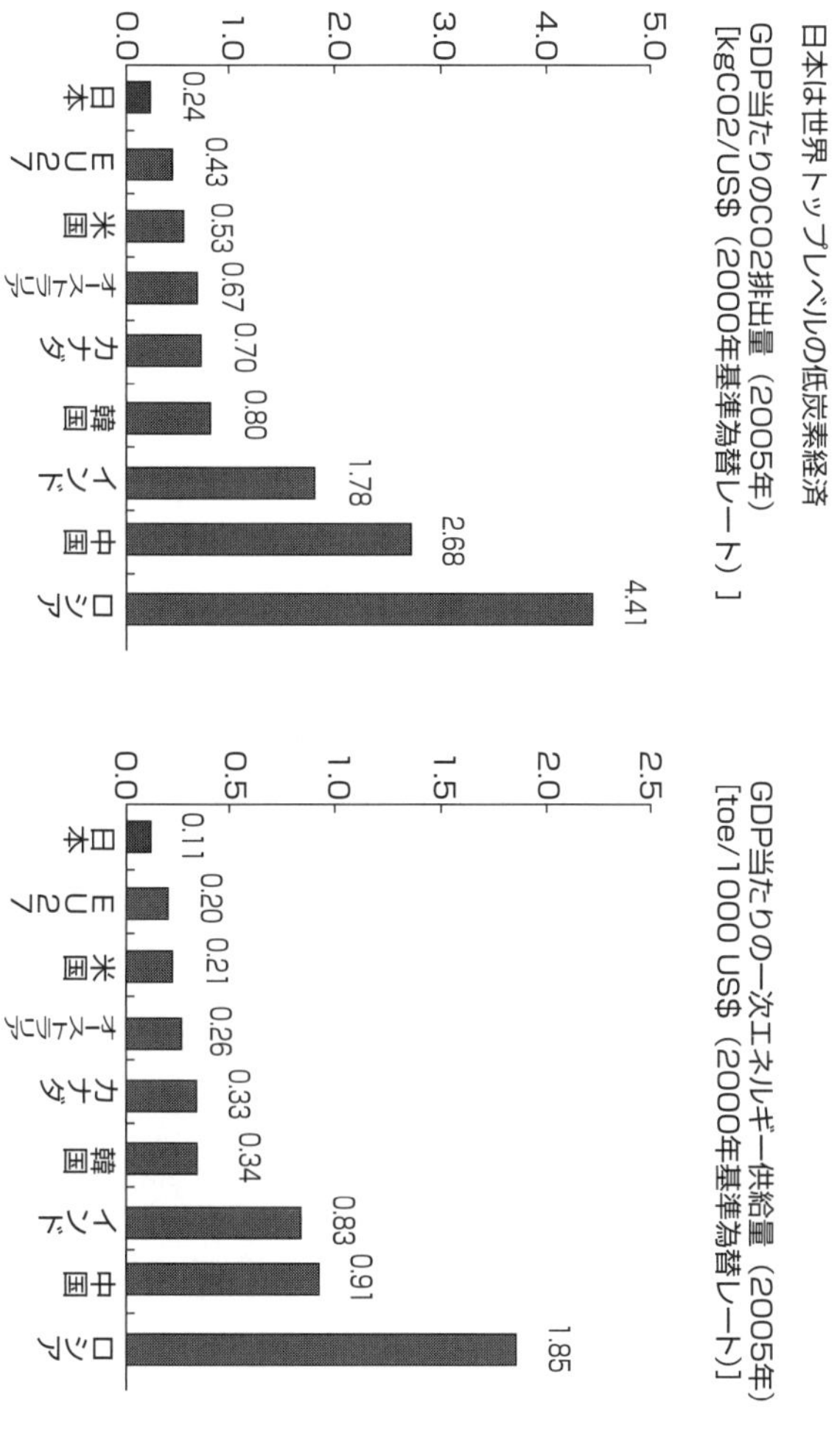

出典：IEA（2007）"CO2 emissions from fuel combustion 1971-2005"

ざしたものでなく、もっぱらリサイクル産業の振興をめざしてつくられているからである。容器包装リサイクル法は、リサイクル産業振興のために良質の再生資源を税金負担で供給しようというねらいの法律、いいかえれば、大量生産―大量消費―大量リサイクルをめざした法律である。それ故にこそ、原料供給量の減少につながるリターナブル容器は促進しないのである。[26]日本では、循環型社会づくりも低炭素社会づくりも産業振興をねらいとして進められている。環境政策ではなく、「産業政策としての循環型社会づくり・低炭素社会づくり」なのである。

循環型社会づくりが「3Rの優先順位」に基づいて進められる必要があるのと同様に、低炭素社会づくりは「省エネルギー＞再生可能エネルギーの電力以外の利用＞再生可能エネルギーの電力利用」という優先順位を明確にしたうえで、その優先順位に基づいて進められる必要がある。

ちなみに、経済産業省などは、長年、日本の省エネ技術は世界一であるかのような宣伝を行なっているが、そこにもカラクリがある。

経済産業省は図4―7の棒グラフに基づいて「GDPあたりの二酸化炭素排出量、GDPあたりの一次エネルギー供給量ともに日本は最も優秀」という説を流布しているが、ここには意図的な操作が含まれている。なぜならば、図4―7に記された出典に基づいてグラフを描くと図4―8のようになるからである。すなわち、日本はすでに世界一の座を滑り落ちているのに、香港やカメルーンなどの小国を省き、かつ、欧州各国別のデータを用いずに「EU27」（EU加盟二七カ国平均値）を用いて、あたかも日本が世界一であるかのような印象を植え付けるように操作しているのである。[27]

図 4-8　図 4-7 と同じ出典に基づく正確なグラフ

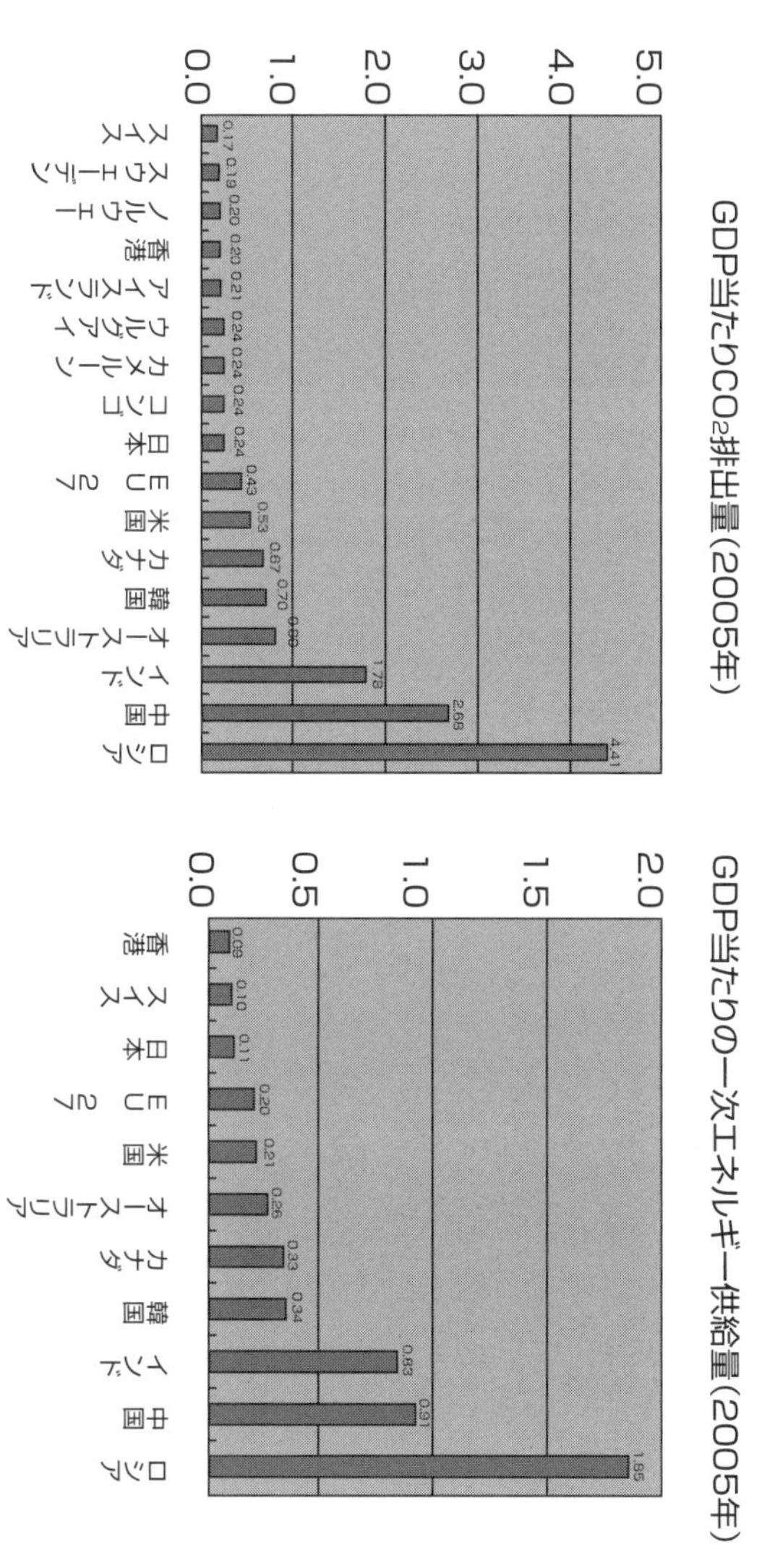
GDP当たりCO2排出量(2005年)
5.0
4.0
3.0
2.0
1.0
0.0
スイス 0.17
スウェーデン 0.19
ノルウェー 0.20
香港 0.20
アイスランド 0.21
ウルグアイ 0.24
カメルーン 0.24
コンゴ 0.24
日本 0.24
EU27 0.43
米国 0.53
カナダ 0.67
韓国 0.70
オーストラリア 0.80
インド 1.78
中国 2.68
ロシア 4.41
GDP当たりの一次エネルギー供給量(2005年)
2.0
1.5
1.0
0.5
0.0
香港 0.09
スイス 0.10
日本 0.11
EU27 0.20
米国 0.21
オーストラリア 0.26
カナダ 0.33
韓国 0.34
インド 0.83
中国 0.91
ロシア 1.85

3　再生可能エネルギーを誰が担うか

(1)　福島原発敷地は堤一族のものだった

福島第一原発の敷地は堤一族のものだった(28)。

一九五〇年代後半から、東京電力は商業原発の候補地を探していた。大量の冷却水を確保するため、候補地は沿岸部に絞られたが、東京沿岸、神奈川、千葉房総地区で広大な用地を入手するのは困難を極めた。そこで浮上したのが、福島県沿岸部にあった国土計画興業所有の土地だった。面積約一〇〇万平方メートルのこの土地は、戦時中は旧陸軍の「磐城飛行場」だった。それが、戦後六〇人に払い下げられ、その六〇人から原発計画をいち早く知り得た堤康次郎が買い取っていたのであった。

当時の東電社長で経済同友会の代表幹事を務めた木川田一隆氏と堤氏との土地売買の話はトントン拍子で進み、六四年十一月に東電が直接、原発用地の約三割にあたるこの土地を買い取ることで決着したという。

この土地の歴史をたどる時、誰しも、そもそも何故、陸軍が所有していたのかという疑問を持つであろう。

陸軍が所有していたのは、明治初期に行なわれた土地の官民有区分の際に名乗り出た地主がいなかったためであろう。官民有区分の際には、それまで利用していたことを名乗り出た者が利用の事実を確認されたうえで地主になったのだが、当時は、地主になれば地租を取られるというので、それまで利用していても名乗り出ない者が少なくなかった。名乗り出る者がいない土地は官有地に編入された。そのため入会地の多くが官有地に編入されることとなった。

明治政府のほうも、官軍（薩長土肥）中心であったから、賊軍の地の東北地方を蔑視して「白河以北一山百文」と侮蔑的に呼んでいた。そのため、住民が利用していたか否かにおかまいなく、強圧的な姿勢で官有地に編入したという。東北地方に国有林が多いのはそのためである。

陸軍飛行場の由来も国有林と大同小異にちがいない。そんな土地が陸軍を経て国土計画興業に買い占められ、東電に売却されて、大儲けにつながった。本来なら福島県の農漁民等の利用に提供されるべき土地が、一部の特権層の大儲けに使われた。その結果、福島原発事故が起こり、大量の放射性物質が、福島県をはじめ、日本全国を襲うことになったのである。

(2)　広島・長崎、水俣、福島を貫くもの

福島原発事故が起きた直後、テレビコマーシャルなどでしきりに「日本は一つ」、「みんなで復興を」というスローガンが流された。公共広告機構をはじめ、種々のコマーシャルが異口同音に「日本は一つ」を繰り返す様相は異様でさえあった。その異様さに、敗戦後しきりに強調されたという「一億総懺悔」を連想した人は少なくないだろう。

「日本は一つ」や「一億総懺悔」は、特定の責任者がいないことを強調するスローガンである。それをしきりに流すのは、特定の責任者が責任追及を恐れているからではなかろうか。責任者は、

自分に責任があることにいち早く気づくからこそ、国民の目が責任追及に向かないよう、それを強調するのではないだろうか。

戦時中、部下に「生きて虜囚の辱めを受けず」と命じて自決をさせていた、牟田口廉也や富永恭次や辻政信などの軍最高幹部が、敗戦時に責任を取らず、反省や謝罪の弁もなく生き延びたことは有名な話である。それどころか、巣鴨拘置所に拘留された戦犯たちが死刑を免れることと引き換えにCIAのスパイとなったことが、いまでは米国の公文書で明らかとなっている。岸信介、正力松太郎、笹川良一、児玉誉士夫といった、戦後日本の権力を握った人たちである。[29]彼らは、おそらく、CIAからの支援を得て権力を握っていったのであろう。

他方、世界及び日本の原発の黎明期である一九五四年頃に原発推進を最も強力に進めたのは、正力松太郎と中曽根康弘である。A級戦犯であった正力が原発をも推進したのである。正力は、「原発導入で豊かになれば共産化を防げる」程度の幼稚な考えに基づいて推進したとされる。あるいは、自分が総理になりたいという野心から原発を利用しただけともいわれている。[30]

当時の日本は、米国のビキニ環礁での水爆実験で第五福竜丸の乗組員が被曝し、反核運動が盛り上がっていたが、米国から使節団が来日すると、「アトムズ・フォー・ピース（原子力の平和利用）」キャンペーンによって「原爆は武器だからいけないが、原発は平和利用」を脳裏に刷り込まれ、洗脳されたのであった。

米国が「アトムズ・フォー・ピース」を打ち出したのは、原爆を作りすぎてウラン濃縮工場を操業短縮しなければならないという危機に陥ったため、濃縮ウランの需要拡大策として発電に使おうとの狙いからであった。要するに、軍需工場の平和時の需要拡大策として原発が推進されたのである。(31) 毒ガス工場の平和時利用として農薬が開発され、爆弾工場の平和時利用として化学肥料が開発されたのと同じである。

こうして、正力・中曽根に端を発して、その後、原発利権にありつこうとする自民党政治家、官僚、産業界、学者等々が原子力村を形成していった。そして、原発推進が国策となり、莫大な国費を投じて進められてきた理由には核武装という狙いがあったことも、いまや公然の秘密となっている。核武装目的で原発を推進した首謀者は、いうまでもなく中曽根康弘である。

以上のような原発推進の経緯に鑑みれば、敗戦後の「一億総懺悔」と福島原発事故後の「日本は一つ」は同根であり、責任者たちが責任追及を免れるねらいで流したものとの見方は決して的外れではないだろう。

人類史上、世界の大惨事の多くが日本で起きている。原爆の広島・長崎、公害の水俣、そして原発事故の福島である。

人類史上の大惨事が日本でばかり起こるのは決して偶然ではあるまい。それは、日本のなかに、大惨事をもたらすような根深い体質があるからである。その体質とは、一部の特権層（強者）が自己の利益を追求し、甘い汁を吸っておきながら、その結果もたらされた失敗や惨事に対して責任を取らない、そして、国民もまた彼らの責任を厳しく追及することがないという体質である。

水俣でも、チッソは水俣市の殿様として君臨し、チッソ社長が水俣工場を訪ねる際には、水俣駅からチッソ正門までの数百メートルに絨毯が敷かれ、社長はその上を悠然と歩いたという。チッソが猫実験で自社の排水が水俣病の原因であることを知りながら水銀のたれ流しを続けたのは、チッソ幹部が水俣漁民に対する差別意識を持っていたからである。そして、現在でも、国が水俣病の認定基準を変更して認定率を低めたことに示されるように、チッソは依然として責任を取っていない。

広島・長崎、水俣、福島を貫く体質は、日本の工業化や開発の歴史にも貫かれている。明治時代、富国強兵・殖産興業を急ぐ政府は、富岡製糸工場などの官営工場をつくり、その後、三井や三菱などの財閥に払い下げた。官営工場は税金でつくられたのだが、当時の税収のほとんどは地租であった。したがって、この一連の手続きは、農民の金を財閥・工業に注ぎ込んだことを意味する。

昭和二十年代末に進められた、国土総合開発法に基づく初めての地域開発である「特定地域開発」は、農山村に発電用ダムを造り、興された電力の多くは都市の工業に供給された。

高度成長時、国や自治体が海を埋め立てて造成したコンビナート用地が埋立事業費を回収できる程度の安い地価で企業に売り渡された。これは、国民の税金が企業に注がれたこと、及び、住民の共有財産（海）が国や自治体を媒介にして企業に渡されたことを意味する。

以上のような日本社会の体質をふまえれば、再生可能エネルギーをともかくも普及させればよいわけではないことは明らかであろう。

広島の原爆死没者慰霊碑には「安らかに眠って下さい。過ちは繰り返しませぬから」と刻んである。この謝罪は、決して米国に対してなされたものではないはずである。「過ち」とは、一部の特権層（強者）が弱者に配慮することなく自己の利益を追求した結果、国民に惨事がもたらされたという過ちであるはずである。

とすれば、再生可能エネルギーにおいてもまた過ちを繰り返すようなことがあってはならない。再生可能エネルギーの推進に意義を持たせるには、日本社会の体質の変革につながるような進め方をすることが必要である。

再生可能エネルギーの普及を日本社会の変革につなげる鍵は、再生可能エネルギーを誰が担うかにある。再生可能エネルギーを一部特権層の利益追求の手段とさせるのでなく、地域の住民・農民・漁民が担い、自分たちの生活や生産に活かすような方法で普及していくこと、これが鍵である。

(3) デンマークから学ぶもの

デンマークは再生可能エネルギーの先進国として知られている。デンマークの再生可能エネルギーの柱は、風力とバイオエネルギーである。

一九七三年のオイルショック時、デンマークのエネルギー自給率は二%に過ぎなかった。しかし、オイルショックでエネルギー自給の重要性に気づいたデンマーク政府は、その後、風力発電に積極的に取り組んだ。北海油田の増産という追い風も手伝って、二〇〇四年のエネルギー自給率は一五五%にまで増大した。

バイオエネルギーの中心になるのは、農村のバイオガスプラントである。

デンマークは畜産の国であり、畜産し尿が大量に発生する。他方で、飲料水を地下水に依存している。こうしたことから、地下水汚染を防ぐためデンマークの農家は、九カ月分の畜産し尿を貯留することを義務づけられている。

地下水汚染を防ぐために採られたこの措置が、エネルギー自給政策の下で着目された。畜産し尿から発生するバイオガス（主成分メタンガス）を燃料としたプラントがつくられ、電気と温水を供給することとなった。このバイオガスプラントは、中国で広く普及していた沼気（メタンガス）発生装置が伝わったものである。

バイオガスプラントに入れられるのは畜産し尿だけではない。有機性の産廃も入れられる。発酵にかかわる微生物は甘い物や脂分を好むため、有機性産廃を加えると発生するバイオガスが倍増するからである。バイオガスを発生させた後の液体は液肥として作物に与えるため、肥料構成の配慮から加える有機性産廃は約二〇％弱である。抗生物質は微生物を殺すため、飼料に抗生物質を混ぜることは禁止されている。

だが、風力やバイオエネルギーの技術だけを学ぶのでは、デンマークのような社会をつくることは難しい。技術にもまして大切なのは、国づくり・地域づくりの理念である。

その一つは、サブシステンスの理念である。サブシステンスとは、生命の存続と再生産を基準にした生活と社会編成のことである。[32] 日本語では「生存基盤」と呼ぶことができよう。[33]

人間が生きていくために必要不可欠なのは、食料と水とエネルギーである。家電や車をいくら持っていても、食料・水・エネルギーがなければ生存そのものが危うくなる。

オイルショックをつうじて食料・水・エネルギー自給の大切さに気付いたデンマークは、サブシステンスを国づくり・地域づくりの第一の基準としている。例えば、各農家の散布する肥料の量も、硝酸性窒素による地下水汚染を防ぐため、厳しく管理・規制されている。

その結果、食料自給率三〇〇%、エネルギー自給率一五五%の自給度を達成するとともに、地下水を汚染から守る現在のデンマークができあがったのである。

第二の理念は共生である。

デンマークの国民高等学校では、その設立を提唱した牧師のニコライ・フレデリック・セベリン・グロントヴィ（一七八三〜一八七二年）の「共生の精神」を育んでいる。

デンマークでは教育も医療も出産も基本的に無料である。競争がないわけではないが、弱者を大切にする。その代わりに、よく知られているように税金が高いが、「納めた分がかえってくる」と思われているので不満はあまりない。その背景には、国民と行政の信頼関係がある。

日本と比べて職場への帰属意識は薄く、この職場では自分が成長しないと感じると会社を変えたり、別の職種をめざして勉強し始めたりするが、次の職業につくまでの生活が保障される。職業を柔軟に変えることができて、かつ生活が保障されるこの制度の特徴は、安全性（セキュリティ）と柔軟性（フレキシビリティ）を組み合わせた、「フレキシキュリティ」という言葉で呼ばれている。会社の利益よりも、みんなが助け合いながら自分が自分らしく生きていくことが尊重されているのである。

第三の理念は地域住民主体である。

デンマークの風力発電の八割近くが個人・共同所有であり、その基盤を作ったのは市民である。二〇〇〇年四月まで風力エネルギーは地元のエネルギー資源、地元住民の固有の財産とみなされ、風力発電の所有者はその設置場所の市町村の居住者に限定されていた。この制度が、デンマークの風力発電導入をおおいに促進した。農民や市民は、個人で、あるいは協同組合を作って、風力発電を設置した。

風力発電といえども周辺住民に被害をもたらすことがある。最も大きな被害が低周波音である。日本では、電力会社等の進める風力発電の建設が低周波音問題で頓挫する事例が頻発している。その低周波音問題も、地元住民が主体となった風力発電では、利益を受ける層と被害を受ける層とが一致しているために、被害を無視して肥大化することはない。

風力発電だけではない。デンマークの工業化は、農民が協同組合をつうじて工業化の担い手となってきた歴史を持つ。乳製品やハム・ソーセージなどの食品加工はいうまでもなく、世界一の風力発電メーカーであるベスタスも農機具メーカーに端を発している。

内村鑑三は、一九一一年に行なった講演の中で、ドイツ・オーストリアとの戦いに敗れ、国は小さく、民は少なく、土地は荒地ばかりという状態から、荒野に水を注ぎ、これに木を植え、ジャガイモ・牧草を栽培して、荒野を欝蒼たる森林と沃野に変えたデンマークを称賛して、次のように述べている。[34]

今、ここにお話しいたしましたデンマークの話は、私どもに何を教えますか。

第一に戦敗かならずしも不幸にあらざることを教えます。国は戦争に負けても亡びません。実に戦争に勝って亡びた国は歴史上けっして少なくないのであります。

国の興亡は戦争の勝敗によりません、その民の平素の修養によります。善き宗教、善き道徳、善き精神ありて国は戦争に負けても衰えません。否、その正反対が事実であります。牢固たる精神ありて戦敗はかえって善き刺激となりて不幸の民を興します。デンマークは実にその善き実例であります。

第二は天然の無限的生産力を示します。富は大陸にもあります、島嶼にもあります。沃野にもあります、沙漠にもあります。大陸の主かならずしも富者ではありません。小島の所有者かならずしも貧者ではありません。善くこれを開発すれば小島も能く大陸に勝さるの産を産するのであります。ゆえに国の小なるはけっして歎くに足りません。これに対して国の大なるはけっして誇るに足りません。

富は有利化されたるエネルギー（力）であります。しかしてエネルギーは太陽の光線にもあります。海の波濤にもあります。吹く風にもあります。噴火する火山にもあります。もしこれを利用するを得ますればこれらはみなことごとく富源であります。

かならずしも英国のごとく世界の陸面六分の一の持ち主となるの必要はありません。デンマークで足ります。然り、それよりも小なる国で足ります。外に拡がらんとするよりは内を開発すべきであります。

内村の講演からちょうど一世紀を経た現在、デンマークは、サブシステンス、共生、地域住民主体という見事な理念に基づいて幸福度世界一の国を創りあげたのである。

(4) 需要側が供給側の痛みを自覚する仕組みを

都市、とりわけ大都市は、そこでの生活や生産に必要な電気や水の供給を他所に求め、また、そこで発生する廃棄物や下水の処理を他所に押し付ける。都市の肥大化につれ、供給処理施設は、より遠くに、より多量に求められるようになり、施設も大規模化してきた。供給処理施設は、ダム建設に伴う離村や大規模発電所に伴う公害などに象徴されるような被害や痛みを立地地域にもたらすが、立地地域の被害や痛みも施設の大規模化につれて大きくなってきた。

都市（需要側）が供給処理側の被害や痛みを自覚しないまま需要を増大させていく限り、この差別関係は増大の一途をたどる。増大を重ねてきた結果、いまや、それは、とうてい電源地域や水源地域への交付金[35]などの金銭や施設の給付で償える程度のものではなくなっている。

したがって、電気や水の供給においても、下水処理においても小規模分散化が解決の鍵である。そのことは以前から指摘されており、「供給処理施設の小規模分散化」は、一九七〇年代以来、反公害・反開発の運動にとって長年の悲願であった[36]。福島原発事故を契機として、悲願の一つである「発電の小規模分散化」の実現が近づいたことは喜ばしいことである。

しかし、技術・施設の小規模分散化は、単に実現すればよいというだけではない。小規模分散化が実現しても、需要側が供給側の痛みに無自覚で野放しに供給量を肥大化させていくような仕組みがそのままでは、いずれまた、差別が深まって破局が訪れる。小規模分散化は、需要側が供給側の痛みを自覚し、供給側の痛みをわがこととして感じ、痛みを分かち合うような仕組みづくりと併行して進める必要がある。

そのためには、需要家が使用電力量の推移を把握できるスマートメーター[37]の普及やスマートグリッドの構築は有効な手法になるだろう。需要家が供給力の上限を意識しつつ電力を使用するようになれば、供給側の痛みがとめどなく大きくなっていくことも、停電などの事態をまねくことも避けられるようになる。

(5) 再生可能エネルギーを地域が握る

「需要側が供給側の痛みを分かち合うような仕組み」にもまして大切なのは、地域社会が地域の自然資源を握り、地域の自然資源の活用を自らの手で行なうことである。

江戸時代の村は、地域の山・川・海を握り、その活用を自らの手で行なっていた。自然資源を自らの手に握った村は、川の養分を水利をつうじて、また山や海の養分を施肥（草・落葉や海草・干鰯など）をつうじて、さらには都市の養分をも施肥（人糞尿）をつうじて水田に注ぎ込む仕組みをつくり、当時の世界で他に類を見ない百万人都市江戸を生むほどの高い農業生産力を実現した。

再生可能エネルギーの普及も、地域が再生可能エネルギーを握り、地域住民の生活や生産を豊かにしていく方針のもとに進められなければならない。

今日、地方の地域社会は限りなく疲弊している。地域社会の生活や生産の基盤である農林漁業が、外国農産物や外材の輸入、工業立地のための埋立、工業による汚染、都市による供給処理施設の押し付け等々によって破壊されてきたからである。地域の商業もまた、農林漁業の衰退や規制緩和による大規模小売店進出に伴うダメージを受け、地方の商店街はシャッター通りと化している。

東日本大震災後、宮城県では、野村総合研究所が事務局になり、県民が一人も入らず、新自由主義者のメンバーばかりから構成される復興構想会議で、漁業を企業に免許するなどの大企業優先の復興構想がつくられている。しかし、大型店が地域商店街をシャッター通りに変えてきたことが示すように、「強者の自由」を強調する新自由主義こそ、地域社会を破壊してきた元凶である。そのような新自由主義に頼れば、復興の美名のもとに、地域社会の絆が断ち切られ、大企業に支配される地域になることは目に見えている。

実は、地域の住民・農漁民は地域の自然資源を利用する権利を持っている。地域の住民・農漁民がそれに気づきさえすれば、地域の自然資源を地域社会が握ることは十分に可能である[38]。

一九五三年、特定地域開発に基づき球磨川につくられた荒瀬ダムは、二〇一二年三月までに撤去されることが決定した。これは、球磨川の漁民が自分たちに河川利用の権利があることに気づき、ダムの水利権の更新を認めなかったからである[39]。今後、荒瀬ダムと同様の取組みがなされれば、全国でダムの撤去が可能になる。

地域の自然資源を、そのエネルギー利用も含めて地域社会が握ること、いいかえれば、地域の住民・農民・漁民が担い手となり、自分たちの生活や生産に活かすような方法で活用していくことが地域社会復権の鍵である。再生可能エネルギーの利用を地域の住民・農民・漁民が担うような方法で進めるならば、全国各地に多様な再生可能エネルギーや多様な産業が花開き、地域社会が蘇るはずである。

福島原発事故という痛ましい経験を未来に生かし、犠牲者・被災者の方々に報いるには、そのような日本をこそ創っていかなければならない。

付論　水車が語る農村盛衰史

（初出　自主講座第六五号）

山本茂実の名作『あゝ野麦峠』を読まれた方は、自殺した工女が水車にひっかかって操業が中断する話など、水車の話が随所にでてくるのをご記憶のことだろう。蒸気力やモーターを使うと動力費は生産費の二〇パーセントを上回るのに、水車ならこれがほとんどゼロだった、という。蒸気力を使用した官営富岡製糸工場が経営難におちいるのにたいして、岡谷の天竜川畔の製糸工場が繁栄していくのには、功妙かつ苛酷な工女からの収奪とともに水車もまたあずかって力があったようである。

製糸のほか、紡績や撚糸、熔鉱炉の送風、火砲製造のためのドリル運転などの近代工業にも水車は利用された。江戸期以来の製粉や精米に加え、近代工業の動力源として水車が利用されたことから、明治二十年頃までの農村は非常な活況を呈していたという。

水車の歴史

では、農村工業の動力源として活躍した水車は、日本でいつ頃からどのようにして使われたのだろうか。

天長六（八二九）年の太政官府は、唐の風習にならって水車の利用を諸国に勧めたものである。しかし、この水車は灌漑用の揚水水車であって動力用ではない。

揚水用の水車には、筒車《つつぐるま》、竜骨車などがあって、筒車は宇治や南九州地方（今日なお鹿児島県肝属郡の一部で利用されているらしい）で、竜骨車は畿内でそれぞれ用いられたが、一般の用具として普及するにはいたらなかった。日本のように地形が急峻で小河川の多いところでは、用水路によって導水するだけで十分であり、揚水水車の必要性が少なかったためであろう。

動力用としては、よほど古くから水車が用いられていたようである。『日本書紀』には、水車は推古天皇の十八（六〇九）年に高麗からきた僧曇徴が初めて造ったと書かれ、さらに六六九年には鉄の製錬に水車が用いられていたことが記されている。だが、精米や製粉などでは永く人力が用いられており、人力から水車への変化は十八世紀後半を待たなければならない。日本では米や雑穀等の粒食が中心だったことと、水稲作中心のために水利の問題とぶつかったことが、水車の利用と普及を遅らせたようである。

水車のしくみ

筒車は小型のものでは車の半径八五センチ、幅は四五センチほどのものである。水流によって横板が押されて水車が回転すると、わきに取りつけられた竹筒が水中で水をくみあげて上に運び、木製の樋に流しこむ。水につかるので材質はヒノキがよいが、マツも使った。

動力用水車には図1に示すように上がけ、胸がけ、下がけの三種類がある。流れのエネルギーを利用する効率は、上がけ九〇パーセント、胸がけ六〇パーセント、下がけ三〇パーセントとされており、上がけが得だが、逆に上がけは五～一〇メートルの落差を必要とし、下がけは落差のないただの流れをも利用することができる。

明治十年の内国勧業博覧会に出品批評された水車装置のうち大きさのわかっているものをみると、最も小さいのが神奈川県佐藤七右衛門の紡糸用水車などの直径一丈(三メートル)、大きいのは長野県中山社の製糸用水車で一丈九尺(五・七メートル)もある。三鷹の竜源寺の近くに現存している水車は直径四・六メートルだから、おおよそ三〜六メートルであったと思ってよかろう。

三鷹の水車では、軸受には伊豆の石材が、水車軸には「くるいが少なく器具材として重要」とされるケヤキが、また歯車には材の堅いカシが、それぞれ用いられた。水車、軸、軸受、歯車を含む全部品は、すべて水車大工が設計製作したもので、水車大工は全部品をばらばらに作っておいて、いっきに組み立てた。もちろん、水に浸るので釘は一本も使わない。のちには、鋼鉄製のものも登場した。『あゝ野麦峠』によれば、明治四十年ごろ直径二丈一尺(六・三メートル)幅九尺(二・七メートル)の鋼鉄製の巨大水車が動きだしたのを皮切りに、天竜川の水車は、たちまち鋼鉄製にとって代わったという。なかには片倉組の直径三丈八尺(一一・四メートル)というバカでかいのまでできた。

愛知県の矢作川では「舟紡績」がさかんであった。矢作川に老廃船を浮べ、船にとりつけた水車が川の水流によって回転する。これによって船中のガラ紡機を運転するのである。船全体を小家内工業の工場とするこの方式が、昭和の初めまで盛大に操業されていたそうだ。

図１　横軸水車の種類

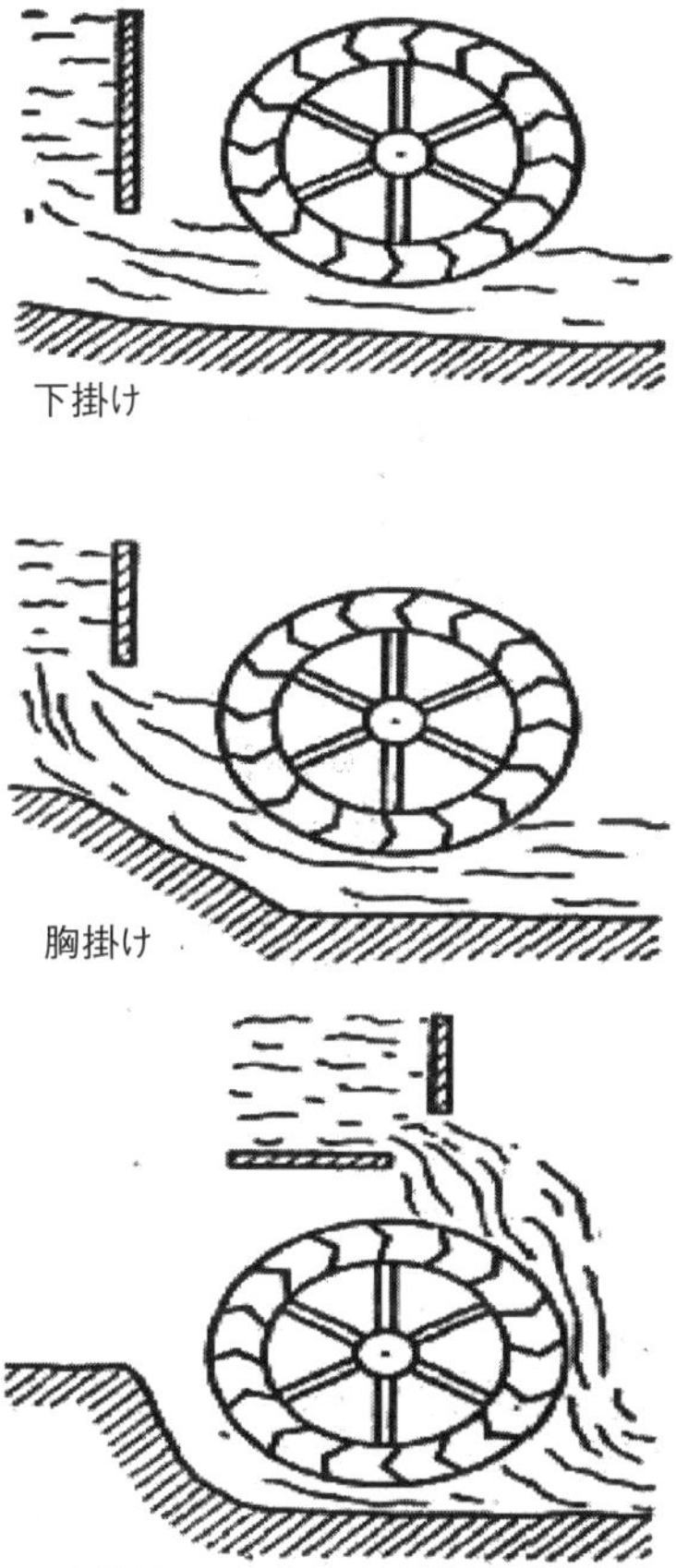

下掛け　30%

胸掛け　60%

上掛け　90%

出典：奥村正二『火縄銃から黒船まで』

明治前期のエネルギー政策

江戸時代にすでに製粉や精米、製油などに広汎に利用されていた水車は、このように明治に入ってても近代工業の動力源としてますます活躍する。蒸気というものがすでにありながら、明治十年代などは「水車時代」と呼べるほど水車が隆盛するのはなぜだろうか。当時の政府は、水車と蒸気をどう考えていたのだろうか。

明治六年、日本はウィーンの万国博に参加し、海外の生産技術の実態に親しくふれることができた。その報告書『澳国博覧会参同記要』のなかで動力について次のように述べている。

「我国多く石炭を産し、蒸気を用ふるの便に乏しからずといえども、水車を設くるを得べきの地は努めて之を以て蒸気に代用し、もしくは其力を助けしむべし。臣、西国の工場を巡視するに、水あるの地は概ね水車に頼り、然らざれば風車を用ふ。我国殆んど水なきの地なし、之を活用せずして徒らに蒸気力を用ふるは亦其措置を失ふべし」

これからわかるように、水車の利用できるところは十分に水車を利用しようというのが、当時のエネルギー政策であった。この方針は極めて健全である。まず自らが自力でできるものでせいいっぱい頑張る、しかるのちに必要最小限に援助をあおぐ——自立の精神に満ちている。「エネルギー革命」と称して国内の石炭をつぶして石油にのりかえ、オイルショックというしっぺ返しをくらった戦後の政府とは、ずいぶんちがう。

また、明治前期の大土木工事のひとつとして有名な京都の琵琶湖疏水も第一に水車の利用を目的としていた。『起工趣意書』（明治十六年）は、水力と蒸気とを次のように比較している。「水車ハ煙ヲ出サス。故ニ市中ノ機械ニハ甚タ適当ナリ。又水車ハ蒸気機械ヨリ造作容易ニシテ危険ナラス。又水車ハ蒸気機械ヨリ製造修繕費共甚タ少ナリ」

趣意書はさらに、琵琶湖疏水で得ようとする六一六馬力のエネルギーを蒸気機関で得ようとすれば、毎年一二万余円の石炭が必要である。しかもこの石炭は実に一日七万貫余の煙量を出し、一年の間に京都全市を一七尺の厚さでおおうほどになる。「英国竜道府（ロンドン）ノ烟霧ヲ見ルモ図ルヘカラス。衛生上ニ大害アル推シテ知ルヘシ」と、公害の危険を指摘していたのだった。巨大産業や巨大技術のもたらした害毒の氾濫している今日、ウィーン万国博の『参同記要』や琵琶湖疏水の『起工趣意書』のこうした見解は、非常に新鮮でさわやかに見える。機械や産業に人間が従属させられ、飽くなき利潤追求がおこなわれる以前のまだ素朴で幸福な時代の、健全な人間性、機械や産業を人間に合わせようとする精神をかいま見ることができるではないか。

水車から蒸気力へ

明治二十三年に大阪の伏田鉄工所と東京の池貝鉄工所が創立され、蒸気機関の国産化がめざされるようになる。それまで富岡製糸工場などで使われていた蒸気機関はすべて輸入に頼ったものだったのだ。工場の動力源は、この頃から急速に蒸気力に変わっていく。

表1は、一八八四年から一八九二年にかけて、人力、水力が減少して、蒸気力がかなり増大していることを示している。一八九二年の統計がやや不備ではあるが、それでも傾向として、そう言える。蒸気力を用いる工業は、以後次第に数を増し、一九一〇年には全工業の七〇パーセントを占めるにいたる。

水車から蒸気力への転換は、同時に工業地帯の変遷をも意味していた。

水車は、上がけなら五～一〇メートルの落差を必要とする。下がけなら落差はいらないが、それでも流れが速い方がよかろう。したがって水力依存の工場は、平坦な平野よりも急峻な山の多い諸県（のちに見るように長野、岐阜、山梨など）に多く立地された。ところが、蒸気力は石炭さえ手に入れば、どこに立地しようがかまわない。当然、工場は交通の便が良く消費地に近い大都市に集中することになる。つまり、水車から蒸気力への転換は、村落工場から都市工場への変遷をともなうわけである。

表2は、この変遷をよく示している。食品工業は不明が多くて参考にならないが、紡績工業がかなりはっきり物語ってくれている。

村落工場から都市工場への推移を府県別に見たものが、表3、表4である。

表3によれば、明治十七年には工場数の最も多い府県の中に東京、大阪が入っておらず、中部地方の四県と兵庫、島根である。中部地方は製糸工場、兵庫は播州素麺に代表される製粉工場や精米工場、島根はたたら製鉄の伝統をひく製鉱場が主な業種である。地元の伝統的産物を原料とし、水車を動力源とした農村の工業が中心だったわけである。

表１　原動力別工場数

	年	全工業	紡績工業	食品工業	窯業及び土石工業	化学工業	金属鉱業	機器工業	その他工業
工場数	1884 1892	1,981 2,971	1,206 1,531	184 313	238 292	91 264	159 215	38 71	65 285
人力「工場」百分率	1884 1892	44.2 38.5	28.9 33.7	8.2 31.6	92.9 48.6	74.7 49.1	84.9 44.2	78.9 25.3	87.7 47.7
水力「工場」百分率	1884 1892	47.3 13.9	28.9 33.7	76.1 2.8.	0.5 1.4	1.1 3.3	0.6 14.1	－ 1.4	1.5 3.2
蒸気力「工場」百分率	1884 1892	3.6 17.5	2.2 24.5	11.4 17.9	0.8 4.8	9.9 10.1	1.9 11.6	21.1 24.0	3.1 3.5
その他不明百分率	1884 1892	4.9 30.1	3.1 18.9	4.3 47.7	5.0 45.2	14.3 30.5	12.6 29.8	－ 49.3	7.7 45.6

出典：佐藤武夫『水の経済学』

表２　都市村落別工場数

	年	全工業	紡績工業	食品工業	窯業及び土石工業	化学工業	金属鉱業	機器工業	その他工業
工場数	1884 1892	1,981 2,971	1,206 1,531	184 313	238 292	91 264	159 215	38 71	65 285
都市「工場」百分率	1884 1892	19.2 50.6	19.1 42.3	5.4 45.7	8.8 46.3	56.0 54.2	10.1 48.8	47.4 81.7	52.3 81.4
村落「工場」百分率	1884 1892	62.4 49.4	71.4 57.7	10.3 54.3	76.5 53.7	26.4 45.8	81.8 51.2	15.8 16.9	23.1 18.6
不明「工場」百分率	1884 1892	18.4 －	9.5 －	84.2 －	14.7 －	17.6 －	8.2 －	36.8 1.4	24.6 －

出典：佐藤武夫『水の経済学』

ところが明治二十五年になると、島根が凋落し、新たに東京、富山、京都、大阪が登場してくる。表5を見ればわかるように島根は蒸気力導入に遅れをとった県であり、東京、大阪は先駆者であった。蒸気力を動力源とした都市型の工業へと移行していく状況が、手にとるようにわかる。では、なぜ水車から蒸気力へと移行したのだろうか。その事情を、明治十五年に設立された大阪紡績会社（現東洋紡）に見よう。

大阪紡績会社は、明治十五年四月、渋沢栄一が音頭をとって旧大名の伊達、池田侯ら二一華族の出資などによって設立された。それまでの紡績会社が二〇〇〇錘規模であったのにたいし、一万五〇〇〇錘というけたはずれな規模の蒸気力工場であった。

この会社が動力源を蒸気力に決定した理由は、なによりこのけたはずれの規模にあったようである。水車によっては、これほど大規模な工場は支えられない。そのうえ水車だと洪水や干ばつの度毎に操業停止ないし短縮を余儀なくされる。なにしろ『野麦峠』によれば「工場は水車で回していたが、水がなくなると足で車をしている男が一人いた。寝たまま足で一日じゅう回していたが交代はしなかった」ぐらいだから。

ところで工業は元来、農家の余業として農業の中から生れてきたものではあるが、資本主義社会になると農業から土地や労働力とともに家内工業まで奪うことによって資本家的生産が生まれてくる。こうして農業から分離独立した近代工業は、規則正しい生産を自らに要求するために、それが大規模になればなるほど、農業の季節性・不規則性と矛盾をひきおこすようになる。つまり、農業においては、作物のできる時期は一時期に集中し、かつ年によって作不作があるのにた

表３　府県別工場数（明治 17 年基準）

「工場」数	府県数	府県名
1 ～ 5	9	根室、札幌、秋田、福島、千葉、富山、広島、熊本、宮崎
6 ～ 10	12	岩手、山形、埼玉、神奈川、福井、静岡、三重、滋賀、和歌山、岡山、愛媛、高知
11 ～ 20	10	函館、青森、茨城、新潟、石川、京都、山口、佐賀、長崎、福岡
21 ～ 50	4	宮城、栃木、鳥取、大分
51 ～ 100	2	東京、大阪
101 以上	6	山梨、長野、岐阜、愛知、兵庫、島根

出典：山口和雄『明治前期経済の分析』

表４　府県別工場数（明治 25 年基準）

「工場」数	府県数	府県名
1 ～ 5	3	和歌山、香川、沖縄
6 ～ 10	1	奈良
11 ～ 20	7	秋田、埼玉、千葉、広島、熊本、宮崎、鹿児島
21 ～ 50	17	青森、岩手、宮城、福島、茨城、新潟、静岡、三重、滋賀、鳥取、山口、高知、福岡、佐賀、長崎、大分、北海道
51 ～ 100	7	山形、栃木、神奈川、石川、島根、愛媛、徳島
101 以上	9	東京、富山、山梨、長野、岐阜、愛知、京都、大阪、兵庫

出典：山口和雄『明治前期経済の分析』

表５　蒸気機関使用工場数

年次	1884　（明 17）	1890　（明 23）
島根	0	1
東京	12	62
大阪	31	65
東京・大阪計	43	127
東京・大阪以外計	28	142

注：楫西光速編『日本経済史体系５　近代上』より筆者が作成した。

いし、近代工業は一年中しかも、毎年決まった量の原料を要求する。したがって、規模が大規模になるにつれ、工業は農業や農村から離れ、原料を地元市場から全国市場へ、さらには国外農産物へと求めるようになる。

大阪紡績会社も例外ではなかった。操業当初は内地綿を原料とする方針をとっていたこの会社も、短繊維の内地綿がイギリス製紡績機に合わないことも手伝って、二十二年にはいち早くインド綿へと転換したのであった。

こうして、日本随一の綿作地帯の河内、摂津、和泉をひかえた大阪で、インド綿を原料にあおぐ大紡績工揚が生まれたのである。紡績業界は、明治二十九年には輸入綿花の関税免除を勝ちとり、綿花輸入をますます強めた。原料を海外にあおぐようになると、工場は臨海部の都市へと移り、そのことが、蒸気力への転換を促進した。

蒸気力への転換がもたらしたもの

さて、水車から蒸気力への転換の経緯を以上のようにたどってみたとき、それが現代にいたるまでの日本社会の構造に、ある決定的な特徴をもたらしたことに気づく。

特徴のひとつは、地元の原料に依存しない加工貿易の構造である。大阪紡績会社に端的に表われているように、当初は地元の農産物を加工しようと生まれた工業が、まずは原料を地元から全国へ、さらには国内から国外へと求めるようになった。製粉しかり、製糖・製油もまた。インド綿・支那綿が畿内や三河の綿作を破壊したように、原料の海外依存は国内の農業を破壊し滅亡させていった。敗戦という機会をもまた変革に結びつけることができぬまま、昭和二十八年のMSA小麦輸入を契機に、この構造は、さらに強固に復活した。臨海部に立地して海外から小麦や飼料を運ぶ製粉資本や飼料資本は、今や食品コンビナートまでも形成するにいたっている。エネルギー源においても全く同じ構造が、「エネルギー革命」の名の下につくられてきたことは周知のことだろう。

特徴の第二は、二重構造の形成である。すでに見たように、蒸気力への転換は、工業地帯を村落から東京、大阪などの大都市へと移動させた。大都市に立地した工業の多くは、機械や化学などの移植産業、および伝統的産業のうち原料を海外に求めるようになった大資本であった。明治から敗戦までの日本は、『野麦峠』や『女工哀史』で描かれたような低賃金を武器に生糸や綿製品を輸出し、それによって軍備拡張や重化学工業の拡大をはかってきたのだ。鉄鋼や造船などの重化学工業や伝統産業のうち原料を海外に求めた紡績、製粉、製糖などにおいて大企業が成立する一方、原料を国内に求める伝統的産業が小規模のまま残存したり、大企業に系列下される、といった二重構造は、このとき刻印づけられたのであった。

蒸気力は、一九一〇年の七〇パーセントをピークとして次第に衰退し、一九一五年には三〇パーセントに落ちる。かわりに増えてくるのが電力である。明治末に大容量発電（三万五〇〇〇kW）や長距離送電などの技術革新によって著しくコストを低下させた電力は、一九一〇年には約二〇パーセント、一九一五年には三〇パーセント、一九一七年には早くも五〇パーセントを超えるにいたる。

だが、蒸気力への転換によってひとたび刻印づけられた加工貿易、二重構造という根深い構造は消え去りはしなかった。長距離送電の技術が立地の自由を保証したために、やはり消費地に近く輸出入の便のよい臨海部の大都市立地の有利さが続いたからである。京浜・阪神・中京・北九州の四大工業地帯の形成、病弊した農村から都市への人口流入、都市の過密、農村の過疎、臨海部の大規模工業基地、公害の激化……。

ちがった発展のしかたが

水車の歴史をながながとたどってきたのはほかでもない。明治中期以後現在まで日本が歩んできた道とは別の、全くちがった発展のしかたがあったことを証明したかったからである。さらに、そのちがった発展のしかたが、大規模なコンビナートや発電所の建設に反対している住民運動に、政府案に対置すべき社会発展のあり方を示唆しているように思ったからである。

『あ、野麦峠』によれば、あの諏訪湖畔の製糸工場すらもが、明治前期には、朝は普通の工場よりも遅く始まり、夕方はまだ明るいうちに夕食をすませていた、作業中でもあきると自由に山川へ遊びに出ていたという。生糸の輸出でかせぐ外貨で重化学工業の拡大をはかる方針に転換した明治中期以後、こののんびりした状態は、次第にあの苛酷な労働へと変わっていくのだ。

明治前期の産業の中心をなした在村の伝統的産業。この在村の伝統的産業がだいじに育くまれていく形での発展のしかたはあり得なかったものだろうか。村の産物を原料とし、村民自身によって担われる産業が、すくすく成長して村を潤す。そうして生まれる余剰をもとに村で機械工業や化学工業が創設され、高められた村の購買力に支えられて育っていく。さらに、機械や化学工業の製品が、農業や伝統的産業の成長を援助し、促進していく。こうした自立したひとまとまりの村が、各地に無数に誕生し、互いに有無相通ずる形で援助しあう——こうした発展のしかたがあり得なかったものだろうか。

もしもそうした発展のしかたをたどっていたならば、『野麦峠』や『女工哀史』は生まれずにすんだはずである。肥大した重化学工業が農村の乏しい購買力と矛盾をひきおこして外側にほとばしり出て、朝鮮や中国など他民族の血をすするというようなことにもならなかったはずである。

村の小川にかけられた水車。近代の工業文明が進歩の指標としてかかげてきた巨大技術、巨大産業、規模の経済などの価値が根本からゆさぶられ転換を迫られている今日、それは非常に新鮮な魅力をもってわれわれの眼に映る。

それはまず、人間の身体にあった無理のない労働を保証する。巨大技術の下での部分化・分業化された労働、機械に従属させられた労働、意味や充足感の持てなくなった労働とは対照的な労働を可能にする。

第二に、水車は地域住民によって担われ、主として地域の産物を使って地域に必要なものを必要なだけ作る小規模の産業を可能にする。大規模な工業が、それによって利益を享受する者と被害を受ける者とを分離させたために公害のたれ流しを生んだのにたいし、両者を一致させた小工業は地域に被害をもたらさない、地域のための産業になり得る。

第三に、水車は資源をほとんど必要としないし、公害を生じない。いったん作ってしまうと、その耐用年数の間は亜硫酸ガスも窒素酸化物も出さずに、ひとりでにエネルギーを供給する。

水車の持っているこのような特徴は再評価さるべきではあるまいか。なにも電力をやめてすべて水車にしろ、と言っているわけではない。水車ないし水車的技術でできるかぎりまかない、足りない分だけを電力などにあおぐという、あの『参同記要』に述べられた地域主義、自立主義が何より大切なように思うのだ。

中国では、製粉水車場のひきうすをはずして発電機をとりつけることから出発して、小型水力発電所を農村のいたる所に建設した。平均出力二〇〜三〇kWで地元の農業や工業に役立てられているという。一〇〇〇kW以下の水路式発電所をことごとくつぶす一方で一〇〇万kW級の火力発電所や原発を建設している日本とは正反対である。

技術の小規模・単純・労働集約性・生態系への配慮を特徴とするシューマッハーの中間技術がブームを呼んでいる。世界は、さまざまな試行錯誤を経ながらも、中間技術の採用、地域主義の復権の方向を歩むことだろう。

志布志湾や広田湾などで大規模工業基地が息を吹き返している。日本がいまのような大規模主義を改めないならば、そう遠くない将来に「巨大技術・巨大産業に固執した愚かな国」として世界の物笑いの種になる日がくるだろう。そんな日本にならないようにお互いに頑張りましょう。

お世話になった本
山本茂実『あゝ野麦峠』朝日新聞社
吉田光邦『機械』法政大学出版局
奥村正二『火縄銃から黒船まで』岩波新書（図3）
佐藤武夫『水の経済学』岩波新書（表1，2）
山口和雄『明治前期経済の分析』東大出版会（表3，4）
揖西光速編『日本経済史大系5近代上』東大出版会（表5）
三枝博音『技術史』東洋経済新報社

筆者注：本稿は、『自主講座』第六五号（一九七六年八月一〇日発行）に掲載されたものであるが、本書の趣旨に適う内容であるため、ほぼそのまま転載させていただいた。『自主講座』が廃刊になっているため転載にあたって了承を得ることはできないが、編集長であった故松岡信夫氏に感謝しておきたい。

注

第1章　電力自由化と発送電分離は必要か

(1)「電力連盟の趣旨」は、「電気事業は公益事業にして且つ産業並に文化の基本的要素なるに鑑み事業の統制をはかり競争による二重設備を避け原価を低下し消費者の便益を計り以って共存共栄の実を挙げ併せて事業の円満なる発達を期する目的を以て吾等は此処に電力連盟を組織し左の規約を締結す」とされており、一二条の連盟規約のうち、とくに趣旨を反映している二カ条をあげると次のようである。

一、連盟各社は既契約需要家（連盟各社を除く）を尊重し競争を避けて二重設備をなさざること

四、連盟各社は重複供給区域中未開業のものは漸次統制的に整理し今後新に重複供給区域を作らぬこと

(2) 成澤宗男「電力自由化は原発を揺るがすか」、週刊金曜日八五二号（二〇一一年六月二十四日）。

(3) 一九九六年の料金改定において、類似の公益事業を参考にして、適正な自己資本比率三〇%と変更され、以降、三〇%を適用することとされている。

(4) 今井賢一編著『欧米の電気料金制度』、一八頁。

(5) 米国ネブラスカ州議会が貨物輸送の最高料金を法律で定め、これに基づいて同州の運輸庁が運賃を決定したことに対し、そのような料金では会社財産の価値と収益力を減少せしめ、財産を没収することになり、財産権の侵害にあたるとして、州内の鉄道会社が提訴した事件。藤田正一『わが国の公益企業の範囲と料金設定』、二九三頁参照。

(6) 藤田正一、前掲書、二九四頁。

(7) 藤田正一、前掲書、二八九頁。

(8) 電気事業講座編集委員会編『電気事業講座6 電気料金』第6章。

(9) 週刊金曜日編集部「電力会社が利用した文化人ブラックリスト」、週刊金曜日八四三号（二〇一一年四月十五日）。

(10) 東京大学は二〇〇七年以降、東京電力から計三億円弱（他の企業と合同で出資している分を含めると六億円強）を受け取り、寄付講座や寄付研究部門を設置している。同様の寄付が、東京工業大学、京都大学、大阪大学などにも流れ、それらの寄付を受けている学者が国の委員会や審議会、それも原発を推進する立場の委員会等のみならず、原発を監視する立場の委員会等のメンバーとなる。このような癒着構造の中で原子力村が形成され、国の原子力政策に加担してきた。詳しくは、成澤宗男「原発を推進した『御用学者』たち」（週刊金曜日八四五号、二〇一一年四月二九日）を参照。

(11) 日本の裁判所や検察庁において、一定期間、裁判官が検察官になったり、検察官が裁判官になったりする、「判検交流」と呼ばれる人事交流制度があることは広く知られているが、さらに、判事や検事が各省庁に配属され、行政訴訟を担当することまで行なわれている。これでは、三権分立など望むべくもない。詳しくは、中村敦夫『簡素なる国』を参照。

(12) プライスキャップ制については、「米国での料金規制の推移―「報酬率方式」から「プライスキャップ方式」へ」、㈱情報通信総合研究所 InfoCom Newsletter（二〇〇八年五月）を参照した。URL は次の通り。http://www.icr.co.jp/newsletter/topics/2008/t2008K012.html

(13) 総合資源エネルギー調査会電気事業分科会答申「今後の望ましい電気事業制度の詳細設計について」、二〇〇八年七月。

(14) ⑤「電気事業者の環境性評価」とは、地球温暖化対策法や官公庁等の省CO_2電力入札では「電気事業者の環境性」を各電気事業者の全電源平均係数で評価することになっているために、原子力を持つ電力会社が有利になり、火力中心で原子力を持たないPPSが不利になるという問題である。この制度の下では、新たに電力会社の石炭火力とPPSのLNG火力とが競争した場合、単独ではLNG火力のほうがCO_2排出量が少ないが、各電気事業者の全電源平均値で比較するため、原発を有する電力会社のほうが有利になってしまう。これは全体のCO_2排出量を減らすという基準に照らしても明らかに不合理な制度である。ここでも、電力会社及び原発に有利な制度が設けられている。

(15) 電気事業分科会第二六回（二〇〇七年六月十五日）における植草益委員（電力系統利用協議会理事長）の意見。

(16) 総合資源エネルギー調査会電気事業分科会答申「今後の望ましい電気事業の在り方につい

て」、二〇〇八年三月。

⒄ 機能分離とは、送電系統へのアクセス及び運用に関して、送電部門が発電部門及び配電部門から独立していない場合、系統運用者が送電以外の事業から少なくとも運営面において独立すること。改正EU電力指令の機能分離は、EU電力指令のそれよりもより具体化された内容になっている。会計分離とは、垂直的統合型電気事業においては、発電、送電、配電、電気事業以外のその他事業の会計を分離し、会計報告書の付記としてそれぞれ部門毎の貸借対照表と損益計算書を添付すること、また、電気事業においては、年次会計報告書の付記において、会計報告書を作成するために適用される資産と負債、費用と収益の繰入れ規則を明確にすることを意味する。法的分離とは、送電系統の運用と投資を行なう主体が発電その他部門から法的に独立した事業主体になること。資本関係が両者にあることは許容される。

⒅ ドイツでは家庭や企業がインターネットで購入電力を選択できるようになっており、エコ電力に特化したサイトもある。代表的なサイトは、http://www.verivox.de/power/。右上の <Ihr Strom-Preisvergleich > で Privat を選び、Ihre Postleitzahl（郵便番号）にたとえば 50678 を入れ、年間消費電力量 kWh/Jahr にたとえば Familien 4000 を選んだうえで、その下の Tarif berechnen をクリックするとリストが現われる。

⒆ 東京電力「託送料金の算定」(http://www.tepco.co.jp/corporateinfo/provide)

⒇ 総合資源エネルギー調査会電気事業分科会制度・措置検討小委員会、とくに第四回（二〇〇四年五月十一日）議事録を参照。

(21) 総合資源エネルギー調査会電気事業分科会第一〇回資料集

(22) 詳しくは、拙著『日本の循環型社会づくりはどこが間違っているのか』を参照。

(23) 資源エネルギー庁「海外における電気事業制度改革の現状」、二〇〇七年四月。

(24) 尾崎弘之「東京電力の『発送電分離』、日本のエネルギーイノベーションに不可欠」(http://jp.wsj.com/Business-Companies/node_243882)を参照した(二〇一一年七月十八日)。欧州では、各発電事業者が自らの需要に対して負荷追随することを前提として送電事業者が全体の需給バランスを調整するのに対し、米国では、各小売事業者に予備力の調達を義務づけたうえで、送電部門の系統運用を行なうRTO(Regional Transmission Organization)が需給バランスを調整している。

第2章 「原発の電気が一番安い」は本当か

(1) 二〇〇七年度税制改正により、二〇〇七年四月一日以降に取得した資産については残存価額を一円にするなど、減価償却制度が抜本的に見直された。

(2) ここで説明したコスト面からのベストミックス論は、ベストミックス論が登場した当初の、いわば古典的・狭義のベストミックス論であり、その後、「エネルギーセキュリティや環境保全や経済性などを総合的に勘案した電源ベストミックス」というような広義のベストミックス論も言われるようになった。「ベストミックス論」が狭義と広義のいずれの意味で使われているかは、前後の脈絡で判断する必要がある。

(3) 事業報酬については第1章を参照。
(4) この点は高木仁三郎氏のご指摘による。
(5) 今後、モデル試算に二〇〇七年度税制改正が反映されるようになれば、残存価額が一円になるから、さらに原子力に有利になる。
(6) バックエンド費用の試算に関しては、総合エネルギー調査会原子力部会の一九九八年七月〜一九九九年一月における検討がベースになっている。その検討結果をまとめた「高レベル放射性廃棄物処分事業の制度化のあり方」(一九九九年三月)によれば、高レベル放射性廃棄物は、三十〜五十年程度貯蔵管理して冷却した後に地層処分し、地層処分場の坑道閉鎖後三百年間のモニタリングを行なうとされており、モニタリングの費用もモデル試算に含まれている。しかし、十万年に比べれば八十年も三百年も大差はないし、モニタリングは単なる監視に過ぎないから費用が少ないうえ、割引率によって現在価値をきわめて小さくされている。したがって、モニタリング費は、表2—5、図2—8にも全く示されておらず、本文の論旨に影響を与えるものではない。

第3章　原発は地域社会を破壊する

(1) 電源三法交付金とは、一九七四年に成立した電源開発促進税法、電源開発促進対策特別会計法、及び発電用施設周辺地域整備法の三つの法律に基づき、発電所の立地市町村及びその周辺市町村に交付される交付金である。

(2) 市町村の法人住民税は、均等割と法人税割に分かれ、均等割は資本金と市町村内の従業員数に応じて決められているが、法人税割に比べ額はわずかである。
(3) 箕川恒男『みえない恐怖をこえて　村上達也東海村長の証言』、一五七～一五八頁。
(4) 詳しくは、佐藤栄佐久『知事抹殺』を参照。
(5) 詳しくは、拙著『海はだれのものか』、一〇九～一一四頁を参照。
(6) 平成十八年九月一日松江地裁仮処分決定は「債権者らの権利が上記のような慣習法上の漁業権等として認められる余地はあり、また、債権者らの主張するとおりの慣習法上の陸地における入会漁業権の性質を有する権利として認められる余地もないわけではない」と述べている。
(7) 別の意見書を提出したのは水口憲也東京海洋大学教授であり、平成十八年九月一日松江地裁仮処分決定は、「本件排出が岩のりに与える科学的・具体的な根拠は何ら示されておらず、岩のりの海中における生態には不明な部分が多いとされている」（本件排出とは島根原発3号機からの温排水の排出のこと）と述べている。
(8) 「財産権」とは「生活に密着した経済的価値を持つ権利」であり、財産権を侵害するには補償しなければならないこと、補償交渉が成立しない場合には収用が必要であり、収用の場合にも補償が必要なことは、憲法二九条に定められている。
(9) 国土交通省監修『改訂二版　公共用地の取得に伴う損失補償基準要綱の解説』（近代図書）においても、許可漁業や自由漁業が「慣習法上の権利」に成熟する旨解説されている。詳しくは、拙著『海はだれのものか』、七八～八六頁を参照。

⑽ 詳しくは、拙著『海はだれのものか』第一章を参照。

⑾ 共同漁業権は十年に一度、定置漁業権・区画漁業権は五年に一度切り替えられる。

⑿ 一九九四年にとられた、漁場区域変更及び共同漁業権管理委員会設立の手続きは、上関原発の経緯を知るものから見れば、明らかに原発建設のための布石であるが、共有物の変更には権利者全員の同意が必要であるから、漁場区域変更にも管理委員会設立にも八漁協すべての同意が必要であったはずである。祝島漁協が強力な反対運動を続けながら、この布石に気づかずに漁場区域変更及び管理委員会設立に同意してしまったことは、うかつというほかはない。漁民が自らの権利を守るには法に無関心であってはならないということである。

⒀ 水産庁編『漁業制度の改革』にも次のように記されている。

他人の行為が漁業価値を減損し、漁業権の目的たる採捕、養殖が不可能、困難となり、損害を被らせる結果になるものは漁業権の侵害となる。例えば漁場水面の底質をなす土砂等の採取、水質の汚濁、漁場へ魚類が来遊する妨害となるような工作物の設定、水路掘さくなどは、……これらの行為の結果明らかに漁業価値の減損となる場合は、漁業権の侵害となる（四五五頁）。

⒁ 昭和四十七年九月二十二日漁政部長通達、昭和五十一年三月十三日漁政部長通達などがある。詳しくは、拙著『海はだれのものか』、一四二頁を参照。

⒂ 原龍之介『公物営造物法［新版］』、八一頁。

(16) 山口眞広・住田正二『公有水面埋立法』、三二頁。
(17) 山口地裁岩国支部平成二十二年三月三十一日仮処分決定など。
(18) 山口眞広・住田正二、前掲書、三一〜三二頁。
(19) 詳しくは、小中進氏のホームページ、http://www.midori-konaka.jp/ を参照。
(20) 検察調書がいかにいい加減なものかは、厚生省村木事件によって明らかになった。検事が勝手に作ったストーリーで検察調書を作るのは日常茶飯事である。「これを認めないと還さない」と検察に言われて「真実は裁判で明らかにしよう」と思ってやむを得ず認めると、裁判では検察調書が最も重視されて有罪になるという。それどころか、検察の裏金問題や裁判所の裏金問題まで三井環元検事や生田暉雄元判事から問われており、検察や裁判所自体が組織的違法行為を行なっている疑いすら強い。日本では裁判所に公正や真実を求めることがほとんど不可能になっているといわざるを得ず、最高裁まで上がった行政訴訟で民間側が勝つ確率が一％未満であるのも無理はない。詳しくは、中村敦夫『簡素なる国』、一三八頁参照。
(21) 筆者は、二〇一一年三月、福島瑞穂議員の紹介を経て、島根原発3号機及び上関原発をめぐる法的な詰めの議論を中国電力に申し入れた。当初、議論に応じることを渋った中国電力も「純粋に法的学問的な議論を行なうこと」及び「法的議論を行なうのは、こちらは私一人、中電側は顧問弁護士を含め何人でもいい」という条件を筆者が付けることでようやく応じかかったものの、「一名の松江市民のオブザーバー参加も認めてほしい」と要望したところ拒否されてしまい、さらにオブザーバー参加の要望を取り下げても拒否は変わらなかった。

第4章　脱原発社会を如何に創るか

(1) 電源開発の水力・火力の場所や出力については、電源開発のホームページを参照した（二〇一一年七月二十七日）。
(2) 不足分には特定電気事業者や特定規模電気事業者の電力、計約二四〇万kWも充当可能であるが、地域不詳のため、ここでは考慮に入れないこととする。
(3) 槌田敦『CO_2温暖化説は間違っている』、三八頁。
(4) 週刊エコノミスト二〇一一年六月二十一日特大号「ガス復権」特集。
(5) 新エネルギー等電気相当量とは、電気事業者がその義務量を達成するために、他の電気事業者が利用した新エネルギー等電気の量に応じて、事業者間で取引することのできる量のことで、その購入は、新エネルギーの導入が困難な地域の電気事業者が市場での取引を通じて義務を履行する方法として設けられた。
(6) 資源エネルギー庁資料「太陽光発電の新たな買取制度について」、二〇〇九年七月。
(7) 資源エネルギー庁資料「再生可能エネルギーの全量買取に関するプロジェクトチーム欧州海外調査結果（参考資料）」、二〇一〇年一月。
(8) 週刊ダイヤモンド、二〇一一年八月六日号。ただし、スペインでは、固定価格買取に伴う負担増の電気料金への転嫁が認められていなかったため、電力会社の大幅な赤字として問題が現われた。

(9) 注(6)に同じ。

(10) 資源エネルギー庁資料「再生可能エネルギーの現状と導入促進策について」、二〇〇九年一一月。風力や水力の発電コストも同じ出典である。

(11) 一般に周波数百ヘルツ以下の音波を低周波音といい、二〇ヘルツ以下の超低周波音は人間に知覚されず、二〇ヘルツ～一〇〇ヘルツもあまり明確には知覚されない。しかし、建具等ががたつくなどの物的影響があるほか、人間に睡眠障害、頭痛、吐き気などの影響、また家畜にも牛の乳が出なくなるなどの影響がある。低周波音問題については、ロシナンテ社が『月刊むすぶ』で継続的にフォローしているほか、単行本も出している。ロシナンテ社のURLは次の通り。http://www9.big.or.jp/~musub/

(12) 石川憲二『自然エネルギーの可能性と限界』、一五四～一五五頁。

(13) 石川憲二、前掲書、一五九頁。

(14) 石川憲二、前掲書、九一～九三頁。

(15) 送電の拠点を分散し、需要側と供給側の双方から電力のやり取りができる送電網。米国では主として停電対策として推進されているが、日本では再生可能エネルギー導入のために推進されている。

(16) 治水ダムでは、大雨の前にダムの水位を下げて雨をためるが、ダム湖の水位が高くなりすぎるとダム本体が決壊するので、ダムを守るため緊急放流する。

(17) ダムが地元住民にもたらす苦しみや被害については、三室勇・木本生光・熊本一規・小鶴隆一郎『よみがえれ！清流球磨川』を参照。

(18) http://monoist.atmarkit.co.jp/mn/articles/1105/20/news016.html 及び http://www.toshiba.co.jp/about/press/2011_04/pr_j0501.htm を参照。

(19) 電力化率には二通りの定義があり、もう一つの定義は「一次エネルギー総供給量の中で発電に投入されるエネルギーの割合」で、こちらは約四四％（二〇〇八年度）である。

(20) 松田恵明『海の森づくり』を参照。

(21) ケンジ・ステファン・スズキ『増補版　デンマークという国　自然エネルギー先進国』、一〇六頁。

(22) 電力の品質については、『電気事業講座7　電力系統』を参照。

(23) 『電気事業講座7　電力系統』によれば、羽田空港への送電線にクレーンが接触したために電圧がわずかに〇・〇八秒間低下したことが原因で空港管制機能が十八分間麻痺した事件があったという。

(24) 例えば、水車を動力とする機械（胴突き）による製粉は、熱の発生が少なくより細かい粉末をつくるために、今日でも粉の性状にこだわる企業によっては、胴突きを指定して製粉を依頼することもあるという。http://www.konishi-ph.jp/n_kaisya.php を参照。

(25) http://www.netpc.jp/tosio/idoku-ra/ido.html に、「井戸水クーラーを探したがどこも作っていないので自作で作ってみました」と記されている。

(26) 詳しくは、拙著『日本の循環型社会はどこが間違っているのか』を参照。
(27) 望月浩二（ドイツ在住環境ジャーナリスト、ホームページ http://www.mochizuki.de/）、環境問題調査報告書 ID No.M-1143 を参照した。
(28) 鬼塚英昭『黒い絆 ロスチャイルドと原発マフィア』、一三八〜一三九頁。
(29) 鬼塚英昭、前掲書、三九頁、有馬哲夫『原発・正力・CIA——機密文書で読む昭和裏面史』を参照。
(30) 有馬哲夫、前掲書及び内橋克人『日本の原発、どこで間違えたのか』を参照。
(31) 鬼塚英昭、前掲書、六六頁。
(32) サブシステンスの思想については、花崎皋平『田中正造と民衆思想の継承』を参照。
(33) 生存基盤という概念を提唱されたのは、薬害問題に取り組まれた高橋晄正氏であり、氏は生存基盤原論という自主講座を開かれた。
(34) 内村鑑三『後世への最大遺物・デンマルク国の話』、九八〜九九頁。
(35) 水源地域に対しても水源地域対策特別措置法に基づいて交付金が支払われる。
(36) 供給処理施設の小規模分散化を視点として自治体の環境政策を論じたものに須田春海・田中充・熊本一規『環境自治体の創造』がある。
(37) スマートメーターとは、通信機能を備えた電力メーターで、電力会社とデータをやり取りしたり、家電製品とつながってそれを制御したり、消費者に現在の電力料金や使用量を伝えたりすることができる。スマートメーターが備える機能を活用することで、再生可能エネルギーの大量導入やスマートグリッドの構築が格段に容易になる。ＥＵ指令では、二〇二〇年までに全体の八〇％の電力メーターをスマートメーター化することを各電力会社に要求している。

(38) 詳しくは拙著『海はだれのものか』を参照。

(39) 三室勇・木本生光・熊本一規・小鶴隆一郎、前掲書を参照。

あとがき

本書の執筆を思い立ったのは本年六月半ばのことである。

きっかけは、福島原発事故後、筆者が約四半世紀前にまとめた「原発の電気が安い」を批判する論稿を読んでくださった方々から度々問い合わせを受けたことにあった。問い合わせに答えているうちに、当時のモデル試算の資料は、当の資源エネルギー庁さえ所有していないことがわかり、ならば筆者がそれらの資料をふまえて「原発の電気が安い」が嘘であることを明らかにしなければ、と思ったのであった。

次いで、島根原発三号機増設及び上関原発において、電力会社が漁民の権利を無視したり、住民の行為を違法に制限したりしている実態を広く知ってもらわなければ、と思ったのが第二のきっかけであった。

以上の二点をもとに目次を作成する過程で、福島県が電源地域の恒久的振興を目指す特別立法の必要性を訴えたパンフレットを保有していること、さらには、約三十五年前、「水車が語る農村盛衰史」をまとめたことなどを思い出して目次に追加した。二〇〇九年以来、実施しているデンマーク・ドイツの校外実習をつうじて知り得た知見も盛り込むこととした。

さらに、一九九五年以来段階的に進められてきた電力自由化や発送電分離については、電気事業講座及び総合資源エネルギー調査会電気事業分科会の議事録や配布資料を中心に検討しつつ、筆者の見解をまとめていった。

こうして出来上がったのが本書である

＊

本書のテーマである原発や地域自立に関して、筆者は多くの方々にお世話になってきた。

約四半世紀前の「原発の電気が安い」を批判する論稿は、故吉田正雄議員から依頼されてまとめたものである。その前に筆者が志布志湾開発に関して石油税に関する国会質問を吉田議員にお願いし、予算委員会を含め、三回述べ六時間にわたって質問していただいて、結局、志布志国家石油備蓄基地をつくるためには石油税の税率を上げなければならないことを国に認めさせることができた（拙著『埋立問題の焦点』〔緑風出版、一九八六年〕に収録）が、それで信用してくださった吉田議員から、「一般に流布している『原発をつくればつくるほど電力会社が儲かる』との見解に基づいて質問しても国は微動だにしない。是非貴方に国に打撃を与えられる質問をつくってほしい」と依頼されたのであった。幸い、本書にも記したとおり、吉田議員の質問は国も認めるところとなった。

上関原発予定地は、一九八五年に最初に訪ねて以来、十回あまり訪ねている。とりわけ、中国電力が度々工事強行を図った昨年秋から今年にかけては月一回のペースで訪ね、清水敏保氏・橋本久男氏・金田芳人氏にお世話になって祝島漁民との勉強会を持つとともに、武重登美子氏・三浦翠氏・小中進氏・東条雅之氏をはじめとした「原発いらん！山口ネットワーク」の方々のお世話になって山口県内各所で住民との勉強会を重ねてきた。大波に揺れる漁船のなかで船酔いしながら勉強会を持ったことも、原発建設予定の上関町田ノ浦の海浜で、中国電力の退去通告を聞き流しながら、反原発の志を抱いて全国から集まってきた若者たちと勉強会を持ったこともあった。

島根原発三号機増設問題でも、現地を三回訪ね、平塚義夫氏・河原利美氏・小竹正毅氏をはじめとした住民・漁民の方々や妻波俊一郎弁護士と勉強会を持ってきた。

付論「水車が語る農村盛衰史」は、志布志湾をはじめとした漁民・住民運動のサポートに没頭するようになる直前にまとめた、筆者にとって思い出深い論稿である。そこに表われているように、筆者の大規模開発や原発への関わりの背景には、再生可能エネルギーや地域自立への関心があった。そのため、当時から有機農業に熱心に取り組まれていた埼玉県小川町の金子美登氏とともに愛知県のメタンガス発生装置を訪ねたり、志布志湾に通う際に鹿児島大学の橋爪健郎氏のところに寄って川内原発予定地に建設する予定の風車をつくる手伝いをしたりしていた。一九八〇年に中国研究所の訪中団で訪中した折にも、小水力や沼気発生装置を熱心に調査した。志布志湾に通って作成した新大隅開発計画の対抗プランも「地域自立をすすめる会」の名前で作成・発行した。「地域自立をすすめる会」には田中公雄氏も加入を希望され、田中氏が同会の名前で『ゴミ事典』（八月書館、一九八三年）を編集された。

明治学院大学の関係では、反核運動で奮闘された物理学者故豊田利幸氏から氏の定年後に水泳を教わることとなり、その機会に「放射能は生命と共存できない」ことを反核・反原発の原点・

真髄として教えていただいた。また、ゼミ生を連れて行なっている校外実習でも、二〇〇九年以来、デンマークで「風のがっこう」主宰者ケンジ・ステファン・スズキ氏に、ドイツで環境ジャーナリスト望月浩二氏にお世話になっている。

また、本書第二章では数学を活用しているが、筆者は、高校までは数学にしか興味のない数学少年であった。大学入学後に水俣病をはじめとした公害問題が激化したため環境問題を主たる研究テーマとするようになったが、その後四十年以上経っても数学に基づく分析ができるのは、中学・高校時代に素晴らしい教授をしてくださった恩師宮原繁氏や月刊誌『大学への数学』の学力コンテストを通じて鍛えてくださった東京出版の福田邦彦氏のおかげである。

以上に記した方々をはじめ、此処にお名前を記すことはできないが、本書を書きあげるうえでお世話になった多くの方々にお礼申し上げるとともに、本書をつうじて、ささやかではあれ御恩に報いることになればと願う次第である。

出版は、前著『よみがえれ！清流球磨川』に引き続き、環境・エコロジー・人権などの問題に取り組む良心的な出版社として知られる緑風出版の高須次郎社長にお願いした。高須氏は、月刊誌『技術と人間』編集部におられた頃からの畏友であり、同時代を生きてきて、権力と闘う姿勢においても環境・エネルギー問題についての考えにおいても、共感し、信頼している方だからである。本書の出版を快く引き受けてくださった高須氏にも心よりお礼申しあげたい。

二〇一一年九月

熊本一規

索引

[著者略歴]

熊本 一規 （くまもと かずき）

1949年 佐賀県小城町に生まれる。1973年 東京大学工学部都市工学科卒業。1980年 東京大学工系大学院博士課程修了（工学博士）。和光大学講師、横浜国立大学講師、カナダ・ヨーク大学客員研究員などを経て現在 明治学院大学教授。1976年以来、各地の埋立・ダム・原発等で漁民をサポートしている。専攻 、環境経済・環境政策・環境法規。

著書 『埋立問題の焦点』（緑風出版、1986年）、『公共事業はどこが間違っているのか？』（れんが書房新社、2000年）、『海はだれのものか』（日本評論社、2010年）。『よみがえれ！清流球磨川』（共著、緑風出版、2011年）など多数。

脱原発《だつげんぱつ》の経済学《けいざいがく》

2011年11月30日　初版第1刷発行　　定価2200円＋税

著　者　熊本一規 ©
発行者　高須次郎
発行所　緑風出版
〒113-0033　東京都文京区本郷2-17-5　ツイン壱岐坂
［電話］03-3812-9420　［FAX］03-3812-7262［郵便振替］00100-9-30776
［E-mail］info@ryokufu.com［URL］http://www.ryokufu.com/

装　幀　斎藤あかね
制　作　R 企 画　　印　刷　シナノ・巣鴨美術印刷
製　本　シナノ　　用　紙　シナノ・大宝紙業
Photo by ©Tomo.Yun　http://www.yunphoto.net　E2000

ISBN978-4-8461-1118-2　C0036

東電の核惨事
天笠啓祐著
四六判並製　二二四頁　1600円
福島第一原発事故は、起こるべくして起きた人災だ。東電が引き起こしたこの事故の被害と影響は、計り知れなく、東電の幹部らの罪は万死に値する。本書は、内外の原発事故史を総括、環境から食までの放射能汚染の影響を考える。

どう身を守る？放射能汚染
渡辺雄二著
四六判並製　一九二頁　1600円
放射能汚染は、特に食物や呼吸を通じた内部被曝によって、長期的に私達の身体を蝕み、健康を損なわせます。一刻も早く放射性物質を排除しなければなりません。本書は各品目別に少しでも放射能の影響を減らしていく方法を伝授します。

世界が見た福島原発災害
海外メディアが報じる真実
大沼安史著
四六判並製　二八〇頁　1700円
「いま直ちに影響はない」を信じたら、未来の命まで危険に曝される。緩慢なる被曝ジェノサイドは既に始まっている。福島原発災害を伝える海外メディアを追い、政府・マスコミの情報操作を暴き、事故と被曝の全貌に迫る。

低線量内部被曝の脅威
原子炉周辺の健康破壊と疫学的立証の記録
ジェイ・マーティン・グールド著／肥田舜太郎・斎藤紀・戸田清・竹野内真理共訳
A5判上製　三八八頁　5200円
本書は、一九五〇年以来の公式資料を使い、全米三〇〇〇余の郡のうち、核施設に近い約一三〇〇郡に住む女性の乳がん死亡リスクが極めて高いことを立証して、レイチェル・カーソンの予見を裏づける衝撃の書。

ダイオキシンは怖くないという嘘
長山淳哉著
四六判上製　二六二頁　1800円
近年、ダイオキシンは怖くない、環境ホルモンは問題は空騒ぎ、ダイオキシン法は悪法といった反環境論者の理論が蔓延している。本書はダイオキシン問題の第一人者が、これらの議論がいかに非科学的かを明らかにした渾身の書。